张俊 著

中国生命美学的两个体系

人民出版社

责任编辑：姜　虹

版式设计：王春峥

责任校对：陈文艺

图书在版编目（CIP）数据

中国生命美学的两个体系 / 张俊 著 . —北京：人民出版社，2020.11

ISBN 978 – 7 – 01 – 022538 – 8

I.①中⋯　II.①张⋯　III.①美学－研究－中国　IV.①B83-092

中国版本图书馆 CIP 数据核字（2020）第 192707 号

中国生命美学的两个体系

ZHONGGUO SHENGMING MEIXUE DE LIANGGE TIXI

张　俊 著

人民出版社 出版发行

（100706　北京市东城区隆福寺街 99 号）

中煤（北京）印务有限公司印刷　新华书店经销

2020 年 11 月第 1 版　2020 年 11 月北京第 1 次印刷

开本：880 毫米 × 1230 毫米 1/32　印张：6.25

字数：103 千字

ISBN 978 – 7 – 01 – 022538 – 8　定价：48.00 元

邮购地址 100706　北京市东城区隆福寺街 99 号

人民东方图书销售中心　电话（010）65250042　65289539

张　俊

　　湖南大学岳麓书院教授、博士生导师，湖南大学比较宗教与文明研究中心主任，国家社科基金重大项目首席专家。研究方向为宗教与美学，同时涉猎比较哲学、文学理论与通识教育等领域。出版《古典美学的复兴》《德福配享与信仰》等专著，发表论文七八十篇。

自　序

　　如果中国有所谓古典美学的传统，无论是意象美学、境界美学，还是德性美学、才性美学，都不如生命美学更能融通统会，高度概括并呈现中华古典文化中美与艺术的根本精神。

　　"生生之谓易"，是中国哲学的精神和中国思想传统的根基，李泽厚一向鄙薄当代中国大陆流行的所谓"生命美学"，也不得不承认这一点。① 以汉语为载体的中国生命美学正是建立在这一哲学根基之上的，所以能呈现出融通统贯的精神属性。生命美学经天纬地，兼具形上与形下两个维度，上通天

---

① 李泽厚：《由巫到礼 释礼归仁》，生活·读书·新知三联书店 2018 年版，第 237 页。

道，下达人心，解悟宇宙大化与精神生命之玄旨奥义，纵论天
地之美与生命情韵，揭示气韵生动的宇宙机趣与酣畅饱满的自
由精神，直透宇宙、人生与艺术之美的本质。因此，复兴中国
古典美学，生命美学是枢机。

自王国维以降，汉语学界为建构生命美学的现代理论体
系，不断探索，不懈尝试。迄今为止，以生命美学为主旨的汉
语著作即便称不上汗牛充栋，也算得上瓜瓞绵绵了。

从二十世纪早期王国维、吕澂、范寿康、张竞生等先驱，
到方东美、宗白华、梁漱溟、唐君毅、牟宗三、罗光等老一辈
大家，再到曾昭旭、李正治、潘知常、朱良志、彭锋、刘成
纪、封孝伦等二十世纪晚期崛起的中生代学者，他们的生命美
学思想共同汇聚成一股巨流，滋养着现代生命美学的发育和成
长。他们以及他们背后的传统，在今天重构汉语生命美学体系
过程中是不可缺席的。其中，方东美以现代西方生命哲学和机
体主义哲学会通易经生命哲学传统发展出新儒家生命美学，罗
光把士林哲学熔铸到易经生命哲学传统发展出新士林生命美
学，堪为代表性的两大学说，至今无人能够超越。

当代中国美学界困扰于长期没有世界公认的原创学说，而
又不甘在国际学术界失语，发愿建立美学的中国学派。其实

一直以来，我们何尝没有建基于自身文化传统的优秀思想学说。只是这三四十年来我们的美学界为了标新立异，忙于追逐西方理论或搬弄新词，而对这些"陈旧的"学说故意忽略，弃之不顾罢了。现在，西方美学的主要理论我们基本都已搬弄一遍——固然，真正消化这些学说还需要很长的时间——新鲜感过去之后，是不是该静下心来，重新审视我们自己的古典美学传统了？

本书把方东美和罗光生命美学的地位突出出来，只是要说明一件事，二十一世纪美学中国话语、中国学派的基础，恰恰就在这些前辈奠定的生命美学体系中。认识不到这一点，中国美学就不可能很快走出西方中心主义的话语怪圈，而仍将长时间滞留画地为牢的边缘位置。

为了提高方东美和罗光思想学说的辨识度与代表性，我分别将之冠以"新儒家生命美学"和"新士林生命美学"的名称。其中，称罗光美学为"新士林生命美学"应该不会有异议，因为台湾新士林哲学本来就是以罗光为核心的一群天主教哲学家开创的，而且他们也常常以此为傲。今天学术界或许对罗光门人所谓"辅仁学派"的提法未必了然，但对罗光作为台湾新士林哲学奠基人的地位，无论观点立场如何，基本都是认可的。

而称方东美的美学思想为"新儒家生命美学",估计会引起部分争议。原因主要有二:

一是方东美学术视野开阔,博采众家之长而成一家之言,所创哲学体系广大悉备。因之他平生对于学界的派系素有成见,尤其对自居"道统"的现代"新儒家"熊氏一系向来有所保留。故其在世时从不公开承认自己是所谓"新儒家",以示与唐君毅、牟宗三、徐复观等港台新儒家的区别。他虽为一代儒学宗师,却时刻不忘提醒弟子勿以门派自限,故学术界至今未有"方门"学派。其及门弟子如成中英等当代哲学家也多竭力与唐、牟系统的新儒家划清界限。

二是方东美所宗的儒学思想主要是孔孟原始儒家,与熊氏一脉宗法宋明理学存在明显差异。另外在哲学理路上,方东美的生命哲学思想融摄怀特海的机体主义哲学,按照沈清松的说法,其哲学导向是机体主义或者兼综的融合,"方东美自称其哲学隶属于机体主义传统,然最喜称其自己的哲学为一'生生哲学'。"[1] 所以,沈清松将其视为是独立于唐君毅、牟宗三为

---

[1] 沈清松、李杜、蔡仁厚:《冯友兰·方东美·唐君毅·牟宗三》,载中华文化复兴运动总会、王寿南主编:《中国历代思想家》(二十五),台湾商务印书馆1999年版,第54页。

代表的港台新儒家的另一条哲学路径，这种观点在学理和历史事实上都有其自洽性。至于胡军等人否认方东美为新儒家，而视之为"新道家"，则纯为一家之言，对此学界早有公论，不再赘述。

客观来看，现代新儒家有广义、狭义之分。方东美不愿承认的只是门阀化的狭义新儒家（Contemporary Neo-Confucianism）派系身份，这并不意味着他不应被归为广义的现代新儒家（Contemporary New Confucianism）行列。

按照刘述先关于现代新儒家"三代四群"的划分，第一代可以分为两个群体，第一个群体是梁漱溟、熊十力、马一浮、张君劢，第二个群体是冯友兰、贺麟、钱穆、方东美。这两个群体之间区别的内在学理标准，基本类同于现代新儒家的狭义与广义区分。粗略来讲，第一个群体都是带有一种一以贯之的道统使命与信仰态度来复兴儒学的，尤其喜谈心性之学，将宋明理学视为儒家乃至中国文化的正宗；而第二个群体没有如此强烈的儒家信仰态度与道统使命感，往往以一种现代学术的客观态度研究儒学，其复兴中华的民族文化使命感强于复兴儒家的宗派使命感，他们肯定儒家的部分基本观念和价值并加以创造性诠释，从而形成不同形态的现代儒学体系。方东美显然不属于熊牟一系的狭义新儒家，但毫无疑问属于广义的"现代新儒学"的第一代杰出人物。刘述先为方东美在台湾大学时期的学生，后来成为牟宗三的得意弟子，为现代新儒学第三代中的代表人物，他对方东美的新儒家归属评价堪称允洽。二十世纪八十年代，方克立、黄克剑等学者将港台新儒家引入大陆时，也是将其归入"现代新儒学"这个大范畴内的，迄今方东美这一文化身份已广为海内外接受。所以，本书称方东美生命美学为"新儒家生命美学"，也自有其合理性。当然，某种程度上讲，称方东美的美学为"机体主义的生命美学体系"可能更恰切，但考虑到方东美哲学以美感与艺术精神为其内在气脉，是新儒家中唯一以美学为哲学建构进路的宗师，其生命美学成就亦在现代新儒学诸子中允称独步，所以理应有更广泛的代表性，故本书直接将其命名为"新儒家生命美学"。

是为序。

张　俊

丁酉夏至日草于长安

己亥冬至日修改于长沙

目 录

Contents

导　论　重构中国生命美学与古典美学的复兴

以审美学（aesthetics）为主导的西方现代美学，自二十世纪初经日本舶来中国，迄今已有百余年。中国美学百年学术之发展，平心而论，无论是迻译介绍西洋、东洋之美学著作，还是整理华夏固有之美学传统思想，都已取得累累硕果。尤其是近四十年来中国出版的美学书籍和论文，数量之巨，可谓汗牛塞屋，令人目不暇接。二十世纪八十年代，美学竟为大陆知识界一时之显学，其余响至今不绝，泽被数代学人。

虽然上一波"美学热"早已消退，但论者犹记得 2010 年夏天第十八届国际美学大会在北京大学召开的盛况，当众多与会国外专家了解美学在中国当代学术界的地位后，仍惊叹艳羡不已。而众所周知，美学在现代欧美主流学界一向为哲学之庶科，虽然有不可或缺的地位，却往往被归入价值哲学最不重要的分支，一直忝陪末座。唯独在当代中国，美学一枝独秀，依托哲学、文艺学、艺术学诸学科建制蓬勃发展。

尽管中国的美学研究如此喧嚣热闹，但在国际美学界的声音却相当微弱。国内热闹，国外冷清，两相对照之下，中国美学的尴尬不言自明。于是如何走出美学的西方中心主义，走出中国美学的失语状态，成为二十一世纪以来中国美学研究者共同的焦虑与发自肺腑的自强呼声。

一、当代美学中国化的尝试与启示

现代美学，作为一门典型的西方学术，其思想源泉和精神语法都植根于整个西方文化。百余年来的中国美学，很大程度上都只是用汉语讲西方美学而已。所以，走出西方中心主义，首先要回到华夏文化博大渊深的思想与艺术传统，让中国美学言说中国之美的思想与体悟。叶朗的意象美学、陈望衡的境界美学等，皆可视为是回归中国美学的古典传统，构建美学中国话语（中国学派）的积极探索。而无论是意象美学还是境界美学，都侧重在审美活动及美感生成本质问题上的理论创新，故虽云意象本体、境界本体，但其实缺乏形上层面的探讨，主要还是局限在审美学范畴内的美学中国化尝试。中国古典美学兼有形上与形下的维度，纵贯宇宙、人生、艺术，其中统合天人的德性美学与才性美学尤是西方美学鲜有论及的领域。将中国古典美学的重构局限在以艺术哲学为核心的审美学视界内，实为反裘负薪。

　　美籍华裔哲学家成中英从其本体诠释哲学体系中发展出来的本体美学，倒是比较好地兼顾了美学的形上与形下层面，而且其本体美学极富思想原创之精神。不过"本体"这个概念，难免存在诸多歧义，固然成中英对此概念有自己的理解，他也屡次试图澄清这个"包含与衍生中西美学的理论根源"①的范畴，但讲来讲去，无非是大家早已熟知的那个中国哲学范畴——"道"的另一种语言置换或现代诠释而已。哲学原创固然可嘉，然而如果脱离中国美学深厚的思想资源（学养）就难免有高蹈虚浮之弊，这或许也是作为非中国美学史专家的哲学家不得不面对的问题。尽管如此，瑕不掩瑜，在理论原创缺乏

---

① 　［美］成中英：《美的深处：本体美学》，浙江大学出版社 2011 年版，第 2 页。

哲学深度的中国美学界，这已是不可多得的体系建构了。

建立中国化的美学理论，树立中国美学的思想主体性，让"中国美学"（Chinese Aesthetics）从"美学在中国"（Aesthetics in China）真正成为"中国底美学"（Aesthetics Within Chinese Background Tadition），回归中华美学思想的传统固然是第一要义。

然而，主张发展"中国底美学"并不是说必然排斥西方美学。论者认为，不但不该排斥，反而应该积极吸收西方美学思想的丰硕成果充实我们自身的传统，弥补中国古典美学之不足，以期融合中西思想资源与视野，达到新的理论高度，否则必将陷入狭隘的文化民族主义，故步自封，泥古不化，使得中国美学永无出头之日。中国现代美学的奠基者王国维在《人间词话》中提出的"境界美学"，其作为"中国美学"或"中国底美学"的第一个理论范式，恰恰就是美学思想中西合璧的经典例证。所以，开拓中国美学的新篇章，重构中国美学，第一原则是"立足中华，融合中西"。即以汉语美学思想传统为根基，积极反思西方现代美学的弊端，探索中华美学应对之道，同时也应以西方美学为参照系和补充资源，不盲目排斥西方现代美学的思想成果。主张回归中华美学的固有传统，并不是主张复古主义，我们真正的目的是要返本开新，对自身美学传统进行创造性诠释（creative interpretation）。第二原则是"返本开新，继往开来"。须知，传统不只是过去的历史，它也活在当下。传统绝不是一成不变的东西，它只有不停地回应时代的需要，在顺应时代的变化中不断发展，才能保证传统的延续。所以，传统本身就是"生生之道"的体现，传统的生命力恰恰在于其可不断被重塑。只有这样理解回归传统，才能实现中国古典美学的现代复兴，使"中国底美学"具有现代性价值，形成真正能够与西方美学并驾齐驱的思想体系。

建立具有中华文化精神特质的美学思想体系，固然可以有不同路数。但是，鉴于中国古典美学体系性的匮乏，重构中国美学的系统相将是中国美学现代转化的第一要务。如前所述，中国美学的体系创造，必须兼顾形上与形下两个层面，主观与客观两个维度，宇宙、人生、艺术三个领域。

一个完整的美学理论体系，一般必须包含三个部分，本体论、审美学说和艺术哲学。美学本体论是对美的形而上学的探讨，当然，对于中国美学的本体到底是道德本体还是情本体，是实践本体还是生存本体，是生命本体还是生活本体……学界尚有明显认识分歧，但无论如何，建构中国美学的现代理论体系，不能盲从后现代主义的批评，忽视这个基础部分。审美学说与艺术哲学，以往学者多混在一起论述，论者建议二者最好分开建构。审美学说以感性论为基础，偏重审美主体，主要是关于审美活动主观精神维度（如审美感知、审美意识、审美判断力、审美想象力）分析的理论。而艺术作为审美实践的特殊客体，其美学理论——艺术哲学偏重客观维度的审美内容呈现之理论探讨。二者虽有交集，但内涵、外延俱不同，故在美学理论中理应享有各自独立的领域。

二、生命美学是复兴中国古典美学的枢机

二十世纪八十年代"美学热"兴起之后，各种美学流派蜂拥而至。这里且不细论西洋舶来的数十种美学理论。① 在西方

---

① 德国古典美学、浪漫主义美学、唯美主义美学、象征主义美学、自然主义美学、意志论美学、直觉主义美学、现象学美学、存在主义美学、符号学美学、格式塔美学、精神分析美学、实证主义美学、实用主义美学、分析美学、解释学美学、接受美学、结构主义美学、后结构主义美学、马克思主义美学、后现代主义美学、大众美学、环境美学、生态美学、景观美学、影视美学、数字美学等种种流派。

美学思潮的刺激下，中国本土的理论冲动亦被逗引出来，相继涌现出十余种美学主张或学说。八十年代"美学热"初兴之时，中国美学界基本上还未跳出二十世纪五六十年代围绕美的主客观性问题形成的四派学说（"主观""客观""主客观统一""客观性与社会性统一"四派）。随着李泽厚的实践美学在八十年代早期的脱颖而出，"美学热"逐渐溢出美学界，成为八十年代文化界、思想界的风向标。然而在短暂的兴盛之后，实践美学便在美学界内部遭遇挑战，这种对美学话语霸权的挑战迅速扩展为大陆美学理论体系的创新冲动，于是新实践美学、后实践美学、实践存在论美学、生命美学、生存美学、超越美学、否定主义美学、意象美学、境界美学、生态美学、生活美学、别现代等一系列的学说相继出现。不过遗憾的是，尽管大陆美学界新说迭出，但至今没有形成当时实践美学那种具有绝对代表性的美学流派，也不复再现美学在二十世纪八十年代的辉煌。其实中国美学界的体系创新，与其巧立名目，自立宗门，不如沉潜下来，踏踏实实接续前代学者的工作，完善二十世纪初便已开掘出来的生命美学。

　　近四十年来大陆涌现的美学理论，具有典型中华文化精神特质的只有意象美学、境界美学等少数流派。而意象美学、境界美学，作为美感理论实质都可以涵摄于生命美学。如台湾学者李正治所言，生命美学是生命通向于道的美学，在此生命上升历程中，生命彰显不同层次的境界，生命美学本身也就可以称为境界美学。[①] 成中英也直言不讳地承认宗白华、方东美等人开创的生命美学及其对于儒释道传统的开掘于今意义重大，他所讲的本体美学也同生命深切相关，这在某种程度上等于承认其本体美学的思想来源与生命美学一脉相承：

　　所谓本体美学，就是回到美感直觉、美感体验与美感判断的内外在基础上，去体验、认识、发现与创造美的价值，并统一于具体的生命意识与生活实践；认识到生命自体、心灵自体的根源动力和整体观感的形成，是从本到体的一个创新过程，无论在感觉情感上还是在客观变化的宇宙体验上，其内在目的都是激发生命，创造价值并成为价值。而所谓价值，也不必理解为心身分离的精神自由，而是活

---

① 参见李正治：《开出"生命美学"的领域》，《国文天地》第9卷第9期（1994年2月）。

生生的具体而全的生命实现，包含着丰富的自然与
自由的内涵与形式。①

　　如果中国有所谓古典美学的传统，无论是意象美学、境界
美学，还是本体美学，都不如生命美学更能融通统会，高度概
括并呈现中华古典文化中美与艺术的根本精神。如曾昭旭所
讲，"中国美学是以生命之美为极致"②，从美的本质来看，"美
是一种生命整体存在感的涌现"③。中国美学以生命为本体，故
而成就汉语生命美学的传统。中国生命美学包天含地，同时兼
顾形上美学与形下美学两个体系维度，上可通天道，下可达人
心，以美感直觉解悟宇宙大化与普遍生命之奥秘，纵论天地之
美与生命情韵，揭示气韵生动的宇宙机趣与酣畅饱满的自由精
神，诠释宇宙、人生与艺术之美的本质。因此，生命美学是汉
语古典美学现代复兴的中枢环节。

---

① ［美］成中英：《美的深处：本体美学》，浙江大学出版社 2011 年版，第 14—
　　15 页。
② 曾昭旭：《充实与虚灵——中国美学初论》，台北汉光文化事业有限公司 1993
　　年版，第 25 页。
③ 曾昭旭：《充实与虚灵——中国美学初论》，台北汉光文化事业有限公司 1993
　　年版，第 3 页。

三、二十世纪中国生命美学现代复兴的统绪

中国现代生命美学之发轫，可以追溯到二十世纪初王国维的《红楼梦评论》，尔后吕澂（《美学概论》）、范寿康（《美学概论》）、张竞生（《美的人生观》等）等哲学家也都有所涉及。不过在二十世纪三十年代以前，生命美学并没有系统的发展。往后，随着宗白华及现代新儒家诸子[①]加入此论域，尤其是方东美（1899—1977）和宗白华（1897—1986）相关著作的问世，中国生命美学才规模初具。另外在台湾，新士林哲学代表人物罗光（1911—2004）等学者，受新儒家生命哲学启发，融合天主教士林哲学与儒家哲学，也在二十世纪下半叶发展出另一派生命美学学说。

可以讲，在西方学说流派席卷中国美学界之前，中国生命美学属于孤峰突起、挺然独秀的学说，以至陈望衡在其美学史著作中论断生命美学是中国现代美学的主流。[②] 所以，生命美学

---

① "除了对王国维的境界说，及其以生命悲剧意识探讨《红楼梦》之美学路向，给予高度肯定外，方东美、唐君毅、徐复观、牟宗三等人也都各自展开其生命美学之论述。"参见龚鹏程编著：《美学在台湾的发展》，台湾南华管理学院1998年版，第20页。

② 陈望衡：《20世纪中国美学本体论问题》，武汉大学出版社2007年版，第105页。

绝不是像某些学者所宣称的那样，是二十世纪晚期才出现的一个学派。生命美学其实早在二十世纪初便已伴随中国现代美学的发轫而出现，并且在较长一段时期里是中国本土美学的主流学说。

新中国成立后，人文学术生态语境随之巨变，在文艺意识形态领域苏俄马克思主义美学曾一尊独霸，改革开放后学界开始了对各种西方美学流派的译介与追捧，国内各种美学学说也如雨后春笋般冒出来，各领风骚三五年，而中国美学的主体性却迟迟无法树立。在这种你方唱罢我登场的理论喧闹中，生命美学这种由哲学界先贤开掘出来的、最具中国本土文化精神的美学学说，却似乎被集体遗忘了，边缘化了。尽管许多重要学者偶尔仍然会提到生命美学的种种议题或范畴，但真正服膺此学术传统并愿意赓续此传统的学者却寥寥无几。

二十世纪八九十年代，在与实践美学的论争中潘知常等学者祭出"生命美学"的大旗，引领一时风气，颇得大陆学界同人呼应。但其"生命美学"并没有真正接续民国时期学者开启的生命美学传统，甚至都没有充分依托中国生命哲学既有的精神资源，故其"生命美学"不属于中国传统生命美学的范畴，或者说只是中国生命美学传统的一个当代歧出。出人意外的是，港台地区在当代具有原创性的两个哲学流派——新儒家和新士林学派，倒是在其哲学体系建构中发展出了极具代表性的汉语生命美学理论。而这一点，恰恰是被大陆的当代"生命美学"学派选择性回避的。因此，本书的一个重要目的就是为当代大陆生命美学的研究引入港台地区真正能够接续中华生生哲学传统的汉语生命美学体系，借以廓清现代生命美学的学术发展历程，并为汉语生命美学的体系建构提供思想借鉴。

四、建基于生命哲学的现代汉语生命美学

中国的生命美学，必定是奠基于生命哲学的。没有生命哲学，就不可能有生命美学。

中国现代生命哲学的阐发与建构，肇端于熊十力，新儒家诸子于此着力最多且成就最大，其中，梁漱溟、方东美、唐君毅、徐复观、牟宗三等皆有重大贡献。新儒家不仅将生命哲学视为儒学的正宗，也视之为整个中国传统哲学的正宗，如方东美讲，"中国哲学的中心是集中在生命，任何思想的体系都是生命精神的发泄"[1]。"几乎所有的中国哲学都把宇宙看作普遍

———————————

[1] 方东美：《方东美演讲集》，中华书局 2013 年版，第 70 页。

生命的流行，其中物质条件与精神现象融会贯通，浑然一体，毫无隔绝，一切至善至美的价值理想，皆可以随生命的流行而充分实现。"① 甚至台湾新士林哲学也认同新儒家这一基本哲学立场，譬如罗光便讲，"中国的传统哲学是一种生命哲学"②，"中国哲学在将来的发展，若要继续以往中国哲学的传统精神则要走向发展精神生命的路线"③。

这些哲学先贤都无一例外地承认生命是中国哲学精神关怀的基本主题和核心价值，中国哲学未来的发展也必须依循精神生命哲学的路向才能奠立中国哲学的主体性。作为中国哲学分支的中国美学，理所应当也该循此路径发展，才能结出美学本土化与主体性的硕果。所谓美学的中国话语或中国学派，只有在尊重中国固有哲学精神传统的基础上，才能建体立极、纲举目张，生发出根基稳固的系统。本质上生命美学是生命哲学的一个维度，其必须依托生命哲学的形而上学基础，侧重艺术与生活之审美精神实践层面的意义开掘，并兼顾生命境界的终极

① 方东美著，李溪编：《生生之美》，北京大学出版社 2009 年版，第 125 页。
② 罗光：《中国哲学的展望》，载《罗光全书》（册十六），台湾学生书局 1996 年版，第 26 页。
③ 罗光：《中国哲学的展望》，载《罗光全书》（册十六），台湾学生书局 1996 年版，第 31 页。

关怀。

汉语学界，真正系统发展生命哲学并打开生命美学这一理论维度的哲学家屈指可数。在这个意义上，晚年被奉为生命美学一代宗师的宗白华甚至都不具有代表性。宗白华美学谈精神生命与艺术生命侧重感悟而忽视形上系统建构，故其论美之文虽时有如珠妙语和深刻的艺术洞见，但终究缺乏生命哲学的体系根基，空灵飘逸有余而周详深厚不足。改革开放后宗先生靠着超凡的艺术鉴赏判断、优美的文风以及青年时代积攒的文名，吸引了无数的文艺思想爱好者，对当代中国文艺美学影响深广，然而平心持正看来，依其美学思想之规模，尚不足以使中国生命美学有系统而长足的发展。新儒家第一代、第二代几位核心人物于生命哲学皆有不俗的贡献，但能同时兼顾生命哲学与生命美学系统建构的哲学家，仅方东美一人而已。新儒家之外，这方面能够与方东美媲美的人物，也惟有台湾新士林哲学的罗光一人而已。

构建美学的中国话语、中国学派，中国美学需要重新出发。重新出发的中国美学，应主动接续民国哲学界诸贤开创的生命哲学与生命美学之统绪。此统绪之赓续，需要部分中国美学界有识之士放弃对流行理论与思潮的盲目追逐，回归传统，吸纳和消化既有的哲学成果。而在这个传统中，方东美与罗光的生命美学无疑是最重要的两座里程碑，堪为当代中国生命美学体系重构之借鉴。

五、生命美学现代建构的两种进路

方东美是最早展开生命美学系统论述的中国哲学家，他在学生时代便已关注西方生命哲学的问题，先后撰著《伯格森"生之哲学"》（1920 年）、《唯实主义的生之哲学》（1920 年）、《伯格森生命哲学之评述》（1922 年）等多篇论文。从美国求学归来后，他主动回到中国固有的文化传统中去探寻生命哲学的根基。而正是在这个根基上，方东美建构出了他的"生生哲学"以及现代中国第一个生命美学体系。发表于 1931 年的《生命情调与美感》一文，便可视为是其生命美学思想的第一篇代表作。宗白华在很大程度上是受他影响才开始思考生命美学问题的。

方东美的生命美学，虽启发于西方现代生命哲学，但却最终深深植根于中国哲学尤其是儒家哲学的生命本体论述。他的生命美学，既是其生命哲学体系的一个维度，也是其最内在的有机组成部分。所以他的生命哲学是不可能脱离其美学而单独成立的，这点使他区别于其他现代新儒家。其他新儒家代表人物基本上都偏重道德形而上学的哲学思想建构，独方东美特别倚重美学。这都源于他对中国人的宇宙观念与生命价值的独特体认："我们中国的宇宙，不只是善的，而且又是十分美的，我们中国人的生命，也不仅仅富有道德价值，而且又含藏艺术纯美。"①

方东美的"生生哲学"是以生命为宇宙终极本体的哲学。不同于熊牟系新儒家甚至冯友兰、贺麟等人，他的哲学思想不是从宋明理学的心性论脉络中展开的，而是直接返回到原始儒家，重新从《周易》"天地之大德曰生"出发，紧扣"生生之谓易"这一生命创造原则，奠立生命哲学的本体论基础，进而从宇宙论角度阐明"生生之美"的价值论意涵，再从"化育成性"中去探讨生命的审美鉴赏和艺术创造意义，从而成就其生命美学建构的哲学基础。他讲："中国向来是从人的生命来体验物的生命，再体验整个宇宙的生命。则中国的本体论是一个以生命为中心的本体论，把一切集中在生命上，而生命的活动

---

① 方东美：《中国人生哲学》，中华书局 2012 年版，第 58 页。

依据道德的理想，艺术的理想，价值的理想，持以完成在生命创造活动中，因此《周易》的《系辞大传》中，不仅仅形成一个本体论系统，而更形成以价值为中心的本体论系统。"① 这就是其"生生哲学"的思想根基。

因为"生生哲学"，方东美成为第一个从《易经》开展出哲学体系的现代哲学家，这个哲学体系集中体现为以生命为本体的宇宙论和价值论学说。而方东美的生命美学，就内在于其生命宇宙论与生命价值论中。

方东美具有美学特质的"生生哲学"作为新儒家生命哲学的典型形态，固然基于《易经》，生成于儒家传统，但其哲学思想灵光乍现的起点却来自庄子那句"圣人者，原天地之美而达万物之理"（《庄子·知北游》）。方东美讲："天地之大美即在普遍生命之流行变化，创造不息。圣人原天地之美，也就在协和宇宙，使人天合一，相与浃而俱化，以显露同样的创造。换句话说，宇宙之美寄于生命，生命之美形于创造。"② 天地万物之美，都源自宇宙大化流行、生生不息的普遍生命，是天地创造力与化育力的自然结果。生命的本性就是面向至善纯美的

---

①　方东美：《方东美集》，群言出版社 1993 年版，第 446 页。
②　方东美：《中国人生哲学》，中华书局 2012 年版，第 55 页。

创进不已。这种生命创造力量，体现在人身上，就是美的修养、美的创作、美的欣赏。一切美感，都系于生命情府。这种以生命创造为本质的美感，体现于艺术，必然以"生意"、"妙趣"或"气韵生动"为最高审美标准："因为，艺术与宇宙生命一样，都是要在生生不息之中展现创造机趣，不论一首诗词，一幅绘画，一座雕刻，或任何艺术品，它所表露的酣然生意与陶然机趣，乃是对大化流行劲气充周的一种描绘，所以才能够超脱沾滞而驰骋无碍。"①

　　除方东美"生生美学"外，罗光的"生命哲学的美学"可以说是唯一将美学建立在生命的形而上学基础上的生命美学学说。

　　罗光无疑是受方东美及新儒家诸子的影响，才在新士林哲学的土壤中发展出其生命哲学体系的。美学，在其生命哲学体系中始终占有不可或缺的地位。所以他跟牟宗三一样，认为没有美学任何哲学体系都不完整，因此，尽管前半生著述都没有美学专论，但风烛残年仍要补足美学一环：牟宗三暮年著有《以合目的性之原则为审美判断力之超越的原则之疑窦与商榷》

―――――――――――

① 　方东美：《中国人生哲学》，中华书局 2012 年版，第 204 页。

（1992 年）①，罗光则出版了《生命哲学的美学》（1999 年）一书。尽管《生命哲学的美学》是罗光唯一的一部美学专著，但他对生命美学的思考却是贯穿其生命哲学体系的。在其诸种人生哲学、生命哲学著作中，生命美学议题或多或少都有所涉及。

罗光的生命哲学虽然也是从《易经》的宇宙论与创化论中发展出来的，但他同时融合了天主教士林哲学（Scholastic Philosophy）存有论，从形上的层面探讨生命哲学的体系建构，将存有（being）、存在（existence）视为形而上学的根本问题。罗光反对西方形而上学静态抽象地谈论存有——存在的本体，或者把存有视为本质与存在的结合。他认为只有回到《易经》的"生生之谓易"，即生命的运动中才能把握存有与存在，才能彰显宇宙创化和人的生命之能动精神，建构起真正的形而上学。

在他的哲学体系中，存有即生命，万物存在都是生命的运动。"所以说万物都是活动的，万物都有生命。"②按照《易经》的观点，"一阴一阳之谓道，继之者善也，成之者性也"（《易

---

① 这是牟宗三为其译注的《判断力批判》所写的长篇序言，可视为是其暮年未最终完成的《真善美的分别说与合一说》一书的提纲或草稿。
② 罗光：《生命哲学再续编》，台湾学生书局 1994 年版，第 2 页。

经·系辞上》），宇宙万物的化生与变易是阴阳二气刚柔并济、相互推引产生的结果，这种宇宙大化流行的创生力乃生命运动的本质。宇宙是一个生命整体，万物都浸润在这一整体生命洪流之中，各种实体存在的本体也都是生命。人与万物共享生命的恩泽，为宇宙生命的组成部分，但却因为拥有源自造物终极实体的精神生命而为万物灵长。人的灵性生命，源自天地造化之理，为宇宙生命在万物中最精美的体现，故其能够尽心尽性，参天地，赞化育，追求真善美的本体价值而成全自我的生命，提升生命的境界。所以，爱美是精神生命的本质。人的精神尤其是情感对美有特别的欲求。

在罗光生命哲学的美学中，美的本体是生命，宇宙万物皆享有生命，万物皆为美，故美是宇宙实体的特性，实体充实而有光辉便称为美。因此，美不是一种纯粹主观的愉悦，美是客观实有的。当然美感是绝对主观的，美感源自精神主体具体的审美活动，是一种无目的的情感的愉悦体验。美只能在情感上引起美感反应，只能靠情感去直接感受。从生命哲学的角度看，美是生命的充实发展，美感则是生命的直觉体验。因为共享同一创生力，宇宙实体生命互感互应，人的生命之气也因此与万物之气感应相通。当人与相应层次的实体相遇，这个实体的生命表现为充实而有光辉的形相美，人的精神生命就会与其生命之美产生感应，从而心灵获得满足的愉悦。因此可见，美感的本质是生命之美的共鸣，是生命与生命、美与美的交流与交融。因为美感中包含着趋向无限之精神自由，所以美感可以充实人生，提升生命境界。

因为美在生命，因此无论自然美还是艺术美都是"活的"，都以生气充盈为美学的标准。艺术是具有充实精神生命之个体追求生命本质的一种特殊表达方式。艺术不能脱离生命情感的反应。因为万物生命相通相感，所以艺术强烈生命情感的表现一般都能激起欣赏者情感的回应。艺术活动中的情感，本质都是生命的表现。艺术表达的价值目标，在生命美学看来就是气韵生动。"美术中的'气韵生动'，即是表示'美'是生命的充实发展。"①

六、结语

生命美学，不能理解为研究生命审美现象或更狭义的人生

---

① 　罗光：《生命哲学的美学》，台湾学生书局 1999 年版，第 41 页。

审美现象的学问，其本质是以生命为本体的美学。生命美学的基础在生命哲学，后者是前者的母体和源泉，前者是后者的有机组成部分。离开生命哲学，生命美学就是无源之水；离开生命美学，生命哲学的价值体系就是残缺的。所以，生命美学必然不能局限于审美学，它也是形上美学的天然部分。汉语生命美学的现代建构，在本体论、审美学与艺术哲学三个维度上都不能偏废。

现代汉语生命美学的建构，必然需要植根于《易经》"生生之谓易"生命哲学传统，同时亦须融汇儒释道与屈骚传统，会通中西的生命哲学思想，树立生命的哲学本体地位。首先承认永恒而无限的宇宙生命的客观存在，才能从形而上学层面建立生命宇宙论与价值论的终极依据。宇宙大化流行，生命创造化育。宇宙与心灵、物质与精神、天地自然与人都在普遍生命的洪流中周行，交融互摄，流衍互润，互感互通，共同呈现生命化育创进的精神。

宇宙生命的价值向下流贯一切，呈现生命之至真至善至美境界，精神生命也必以真、善、美为其价值目标。所以，美的根基在于生命，天地万物之美都源自生命。美感是充实生命的互应。其体现于审美主体主要是美与善的价值呈现。

在中国古典宇宙论中，人在天地人三才中独得天地之灵秀，生命之美由之集中呈现于人的才性与德性。所以才性美学与德性美学是汉语生命美学体系建构特别需要重视的部分。其中才性美学可直通艺术哲学的领域。这种源于充实生命互感互应的美感体现于艺术品，主要是生气与妙趣的自然呈现。艺术家生命力量充沛，则艺术品表达如行云流水、生意昂然，因此艺术哲学应该将"气韵生动"设立为艺术创造与审美的首要精神原则。

第一章　方东美的新儒家生命美学

　　方东美是致力于中国生命美学体系建构的先驱，其生命美学的哲学基础极其博厚。在第一代和第二代现代新儒家代表人物中，他是少数真正能够贯通中西的哲学家之一。甚至在整个现代哲学史上，他也是难得一见的博通中、印、西三大文化源流精华的人物，并兼哲理与诗情于一身，故在学界素有"诗哲"的雅号。方东美曾这样总结自己的哲学进路："我的哲学品格，是从儒家传统中陶冶；我的哲学气魄，是从道家精神中酝酿；我的哲学智慧，是从大乘佛学中领略；我的哲学方法，是从西方哲学中提炼。"①当代加拿大华裔哲学家沈清松

---

① 　杨士毅编：《方东美先生纪念集》，台北正中书局 1982 年版，第 194 页。

也曾如此高度评价方东美:"自西学东渐以来,能一方面兼通哲学家与诗人,鞭辟入里地铺陈中国哲学的精神及其历史发展,对于西洋哲学自希腊迄黑格尔止,对于其间历史的脉络、文化的意趣,能有非常深刻的洞见,又以流美之文字,予以一一点化者,唯方先生一人。研读其典雅芳菲之论文,既可严谨地体察西方思想之流衍,亦可体察中国哲学在世界历史潮流中所有之真正意义。"①

方东美曾讲:"中国哲学从春秋时代便集中在一个以生命为中心的哲学上,是一套生命哲学。"②生命哲学的结论,源自他对中国古代哲学的深刻体悟。而在获得这一哲学体悟之前,其实他早就已经开始研究生命哲学。大学时代方东美便已关注现代西方生命哲学,曾发表《伯格森"生之哲学"》(1920 年)、《唯实主义的生之哲学》(1920 年),其后他赴美留学,硕士

---

① 沈清松:《现代哲学论衡》,台北黎明文化事业公司 1994 年版,第 496 页。沈清松在别处对方东美的评价更高:"自利玛窦输入西学,四百年来,精通英、法、德文,并略识希腊、拉丁、梵文,属文芳菲典雅,一身兼哲学家与诗人,能以无偏无颇的态度综合中西印哲学优长,创发一以形上学和人性论为骨干之融合体系者,以方东美成就为最高。"参见沈清松、李杜、蔡仁厚:《冯友兰·方东美·唐君毅·牟宗三》,载中华文化复兴运动总会、王寿南主编:《中国历代思想家》(二十五),台湾商务印书馆 1999 年版,第 55 页。

② 方东美:《原始儒家道家哲学》,台北黎明文化事业公司 1983 年版,第 158 页。

学位论文研究的仍然是伯格森的生命哲学:《伯格森生命哲学之评述》("A Critical Exposition of the Bergsonian Philosophy of Life", 1922)。所以他的生命哲学缘起于伯格森为代表的西方现代生命哲学。但他回国之后,却将生命哲学的根基深深扎在中国儒释道的传统中,正是在这个根基上,他建构出了中国第一个生命哲学体系。从《生命情调与美感》(1931年)开始,经过后半生四十余年的辛勤耕耘,方东美陆续发表《生命悲剧之二重奏》(1936年)、《科学哲学与人生》(1937年)、《哲学三慧》(1937年)、《中国人生哲学概要》(1937年)、《中国人的人生观》(Chinese View of Life, 1957)、《中国哲学之精神及其发展》(Chinese Philosophy: Its Spirit and Its Development, 1981)等论著,其生命哲学体系逐渐成型,成为汉语世界第一个体系完备的生命哲学。生命,因此是贯通他一生学思的哲学主题。

方东美的新儒家生命美学,建立在他关于生命哲学的本体论述之上。他的生命美学,既是其生命哲学体系的一个维度,也是其生命哲学最内在的一个有机组成部分。他的生命哲学是不可能脱离其美学而单独成立的,这点是他区别于牟宗三等新儒家偏重道德形而上学的哲学思想体系的一个独特之处。他的哲学之所以具有这个特质，根本原因在于他对中国人的宇宙观念与生命价值有独特的体认。他讲："我们中国的宇宙，不只是善的，而且又是十分美的，我们中国人的生命，也不仅仅富有道德价值，而且又含藏艺术纯美。"① 所以方东美坚定不移地从美学的视角讲中国哲学尤其是儒家哲学，他认为："回顾中国哲学，在任何时代都要'原天地之美而达万物之理'，以艺术的情操发展哲学智慧，成为哲学思想体系。"② 虽然这在牟宗三等新儒家看来路数不算纯正，但客观而言，其情理兼具的进路对中国哲学之美学价值的阐扬，打开了中国哲学现代转型的一个崭新面向，也造就了汉语世界第一个生命美学体系。

一、生命哲学的本体论

方东美是中国最早展开生命美学系统论述的现代哲学家。他的生命美学体系，建立在其生生哲学之上。生生哲学，即以生命为宇宙终极本体的哲学，其哲学的思想基础奠基于《周易》。如其《原始儒家道家哲学》中所述："中国向来是从人的生命来

① 方东美：《中国人生哲学》，中华书局 2012 年版，第 58 页。
② 方东美：《原始儒家道家哲学》，台北黎明文化事业公司 1983 年版，第 14 页。

体验物的生命，再体验整个宇宙的生命。则中国的本体论是一个以生命为中心的本体论，把一切集中在生命上，而生命的活动依据道德的理想，艺术的理想，价值的理想，持以完成在生命创造活动中，因此《周易》的《系辞大传》中，不仅仅形成一个本体论系统，而更形成以价值为中心的本体论系统。"[1]方东美返本开新，将其生生哲学扎根于《周易》，越过宋明理学心性论，回到原始儒家，从中开出以生命为本体的宇宙论和价值论体系。这与熊牟一系甚至冯友兰、贺麟等当代新儒家接续宋明理学的哲学进路截然不同。故而他的生命哲学能够彻底跃出几百年来程朱与陆王心性论争之窠臼，开出新的哲学天地。

方东美讲："原始儒家……集大成于《大易》哲学，予以系统化之诠表，而发挥之，其心中实孕育有一套'天、地、人圆道周流，三极一贯'之理论：生命大化流行，万物一切，含自然与人，为一大生广生之创造宏力所弥漫贯注，赋予生命，而一以贯之。"[2]《系辞》讲"生生之谓易"，"易"为生命的创造力，是宇宙大化流行、生生不息的泉源。可见，这种作为宇宙本体

① 　方东美：《方东美集》，群言出版社 1993 年版，第 446 页。
② 　方东美：《中国哲学精神及其发展》（上），孙智燊译，中华书局 2012 年版，第 67 页。

的生命，不仅限于生物学意义的生命（如动植物等有机物的生命），更不限于主体的生命情感体验或情欲，而是一种可以包摄主体生命的普遍生命，因此它远远超越了现代西方生命哲学的主体性生命概念。

在方东美看来，正因为宇宙中贯注着这种无所不在的普遍生命，才有天地生物气象万千。"宇宙是一个包罗万象的大生机，无一刻不发育创造，无一地不流动贯通。"[①] 于是，他将这种生命哲学的基础称为"万物有生论"。

在方东美眼中，世界上没有一件东西真正是死的，一切现象里边都蕴藏着生命，生命是万物之共业。他认为这是中国哲学尤其是儒、道、墨的特质，对比近代以来西方从物质层面出发机械解释宇宙（"宇宙无生论"）、偏重外在超越的"分离主义"哲学取向，中国哲学这种从精神层面出发阐发宇宙普遍生命流行、强调内在超越的生命哲学，是一种"机体主义"（Organism）的哲学取向。

"机体主义旨在：统摄万有，包举万象，而一以贯之。"[②] 在

---

① 方东美：《中国人生哲学》，中华书局 2012 年版，第 20 页。

② 方东美：《中国形上学中之宇宙与个人》，载《生生之德：哲学论文集》，中华书局 2013 年版，第 236 页。

这种被称为"机体主义"的生命哲学里，人天体合，心物不二，因此才能达至旁通统贯、广大和谐之哲学境界。所以方东美讲："宇宙根本是普遍生命的变化流行，其中物质条件与精神现象融会贯通，而毫无隔绝。因此，我们生在世界上，不难以精神寄色相，以色相染精神，物质表现精神的意义，精神贯注物质的核心，精神与物质合在一起，如水乳交融，共同维持宇宙和人类的生命。"①

精神与物质融会贯通，天人体合，终极原因即在于天与人皆在宇宙普遍生命的大化流行中存在。普遍生命流行，真力弥满，贯注万物，一切万物皆有生命，所有生命都在大化流行中变迁发展，生生不息，运转不已，彰显出造物主的创造性，向生命至善至美的无限境界趋近。"由此诸位可以看出，根据中国哲学的传统，本体论也同时是价值论，一切万有存在都具有内在价值，在整个宇宙之中更没有一物缺乏意义。各物皆有其价值，是因为一切万物都参与在普遍生命之流中，与大化流行一体并进，所以能够在继善成性，创造不息之中绵延长存，共同不朽。"②

---

① 方东美：《中国人生哲学》，中华书局 2012 年版，第 19 页。
② 方东美：《中国人生哲学》，中华书局 2012 年版，第 95 页。

"天生烝民，有物有则。"(《大雅·烝民》)"宇宙的普遍生命迁化不已，流衍无穷，挟其善性以贯注于人类，使之渐渍感应，继承不隔。人类的灵明心性虚受不满，存养无害，修其德业以辅相天与之善，使之恢宏扩大，生化成纯。"① 在方东美看来，天地生人，人类承天地之中以立，为万物之灵长，本质上生机充盈，真力弥满，具有驰骤扬厉、创进不已的潜能，其贵乎遵循道本，追溯天命，以领略宇宙普遍生命创造精神的伟大气象。这是一种继承中国传统人文主义天道观的主张。它将人视为宇宙创造活动的参与者，"其生命气象顶天立地，足以浩然与宇宙同流，进而参赞化育，止于至善"。② 方东美讲："宇宙之至善纯美挟普遍生命以周行，旁通统贯于各个人，而个人之良心仁性又顺积极精神而创造，流溢扩充于宇宙，因此，他的生命感应能与大化流行协和一致，精神气象能与天地上下同其流，而其尽性成物更能与大道至善相互辉映。"③ 所以，中国自古以来的真人、至人、完人、圣人，都摄取宇宙的生命来充实自我的生命，并以自我的生命活力来增进宇宙的生命，个体

① 方东美：《中国人生哲学》，中华书局 2012 年版，第 43—44 页。
② 方东美：《中国人生哲学》，中华书局 2012 年版，第 87 页。
③ 方东美：《中国人生哲学》，中华书局 2012 年版，第 96—97 页。

与宇宙在普遍的生命之流中交相辉映、和谐创进，达到天人合一的至善生命境界。

方东美以普遍生命作为宇宙大化流行之究极本体，而普遍生命的源泉却在道本、天命或天志。"儒家所以要追原天命，率性以受中，道家所以要遵循道本，抱一以为式，墨子所以要尚同天志，兼爱以全生，就是因为天命、道本和天志都是生命之源。"[1] 天道冥冥，生命流衍，万物生长。"天道荡荡乎大无私，生万物而不知其所由来。"[2] 所以孔子讲，"天何言哉？四时行焉，百物生焉。天何言哉？"（《论语·阳货》）可见，在方东美的生命哲学体系中，尚保留着超越的信仰维度。尽管其不同于西方宗教的外在超越路数，但他并不否认神性。

> 在中国哲学里，人源于神性，而此神性乃是无穷的创造力，它范围天地，而且是生生不息的。这种创造的力量，自其崇高辉煌方面来看，是天；自其生养

---

[1] 方东美：《中国人生哲学》，中华书局 2012 年版，第 44 页。

[2] （汉）赵岐注：《孟子注疏·滕文公章句上》，载（清）阮元校刻：《十三经注疏》，中华书局 1980 年版，第 2706 页上。

> 万物，为人所禀来看，是道；自其充满了生命，赋予
> 万物以精神来看，是性，性即自然。天是具有无穷的
> 生力，道就是发挥神秘生力的最完美的途径，性是具
> 有无限的潜能，从各种不同的事物上创造价值。由于
> 人参赞天地之化育，所以他能够体验天和道是流行于
> 万物所共禀的性分中。[①]

在方东美的生命哲学里，神性是超越的，但绝不是基督教
那种纯粹外在的超越，也不同于西周或董仲舒那种昊天上帝的
神性超越，而是典型思孟学派那种内在性的超越力量，"是既
超越而又内在的精神力量"[②]。所以他的宗教思想类似泛神论，
是所谓"万物在神论"，强调神性内在、万物交感。在这种宗
教观念下，方东美认为人受禀于天道，其自性中即含有神性，
人的生命因此渗透着宇宙的神奇力量，故精神能向上翻越，参
天地赞化育，了解天道所生的神秘的创造力。

[①]　方东美：《从比较哲学旷观中国文化里的人与自然》，载《生生之德：哲学论
文集》，中华书局 2013 年版，第 224—225 页。

[②]　蒋保国、余秉颐：《方东美哲学思想研究》，北京大学出版社 2012 年版，第
109 页。

二、生命的美学维度

庄子讲："天地有大美而不言，四时有明法而不议，万物有成理而不说。圣人者，原天地之美而达万物之理。"（《庄子·知北游》）方东美解释说："天地之大美即在普遍生命之流行变化，创造不息。圣人原天地之美，也就在协和宇宙，使人天合一，相与浃而俱化，以显露同样的创造。换句话说，宇宙之美寄于生命，生命之美形于创造。"① 天地万物之美，都是宇宙生命力量的创造，其创进化育，美自然呈现，遂成就此岸世界之气象万千。美是生命力量的本质决定的，"生命的本性就是要不断的创造奔进，直指完美"②。一切事物都要透过生命达到至善至美，这是生命创造化育的本义。

在方东美看来："天为原创力，天之时行，刚健而文明；地为化育力，地之顺动，柔谦而成化。天地之心，盈虚消息，交泰和会，协然互荡，盎然并进，即能蔚成创进不息的精神，当其贯注万物，周流六虚，正如海水之波澜无定，浩浩长流，一脉相承，前者未尝终，而后者已资始，后先相续，生化不已，

① 方东美：《中国人生哲学》，中华书局 2012 年版，第 55 页。
② 方东美：《中国人生哲学》，中华书局 2012 年版，第 197 页。

故能表现无比生动之气韵。"①"气韵生动"（谢赫《古画品录》），是创进不已的生命审美的典型特征概括。"神无方而易无体"（《易经·系辞上》），方东美认为，绵延雄奇的生命之流，曲成万物而不着痕迹，其创造活力气脉幽深，当其含弘光大，钩深致远，即能气概飞扬，深具雄健之美。"这种雄奇的宇宙生命一旦弥漫宣畅，就能浃化一切自然，促使万物含生，刚劲充周，足以驰骤扬厉，横空拓展，而人类受此感召，更能奋然有兴，振作生命劲气，激发生命狂澜，一旦化为外在形式，即成艺术珍品。"②

三才之道，人居天地之中，为万物之灵，其与宇宙浩然同流，生生不息，创进不已。如方东美所讲："故人居宇宙之中，必通极于道，善体天德之神与自然之妙，穷神尽化，必观其会通，体用无二，流衍万物，是则真可以上下与天地之精神合流，而同其动止矣。"③惟有人，因其个体生命内在于宇宙生命，所以才能感应普遍生命的律动，体会其于大化流行中的气象万千、气韵生动之妙，并进而将广大和谐之道在个体生命的

---

① 方东美：《中国人生哲学》，中华书局 2012 年版，第 198 页。
② 方东美：《中国人生哲学》，中华书局 2012 年版，第 199 页。
③ 方东美：《中国哲学精神及其发展》（下），孙智燊译，中华书局 2012 年版，第 340 页。

创造表现中张扬光大，呈现为审美的形式。故而方东美认为："一切美的修养，一切美的成就，一切美的欣赏，都是人类创造的生命欲之表现。"① 美的实现，离不开人内在的生命欲望，离不开其创造化育的内在冲动。没有人创造的参与，宇宙生命之至善至美就难以得到彰显。因此，"只有透过人的努力，怀抱远大理想，全力促其实现，才能济润焦枯，促使生命之树根茂盛，枝叶扶疏，蔚成瑰丽雄伟的灿烂美景"②。

美感，都系于生命情府。生命情府，通常需要民族的天才创制文化才能揭示此种精神生活之内在美。所以，"美的创造是极其神圣的，必需神思勃发，才情丰富，始能直透宇宙人生的伟大价值"③。在方东美看来，宇宙、美感与生命三者如影随形、唇齿相依。"宇宙绷束人生，如抱婴儿，心灵缀缅美感，若佩芬华。""生命凭恃宇宙，宇宙衣被人生，宇宙定位而心灵得养，心灵缘虑而宇宙谐和，智慧之积所以称宇宙之名理也，意绪之流所以畅人生之美感也。"④ 人类各民族的美感，往往取

---

① 方东美：《中国人生哲学》，中华书局2012年版，第58页。
② 方东美：《中国人生哲学》，中华书局2012年版，第87页。
③ 方东美：《中国人生哲学》，中华书局2012年版，第196页。
④ 方东美：《生命情调与美感》，载《生生之德：哲学论文集》，中华书局2013年版，第89—90页。

决于其生命情调及宇宙观念。

如方东美早年谈古希腊之悲剧，称其有一种灿醉的生命灵感，兴会酣畅。他认为这是以天才之鬼斧神工，妙造意境，巧裁意象，灿溢美感，将生命的醉意与艺术的梦境融会贯通，神化入妙。因此他总结说："希腊人起初对于宇宙之存在，生命之流衍，确实有些惶恐，后来雄心勃发，竟以伟大的毅力战胜了世界的危机，实现了生命的光荣，然后放眼四顾，觉宇宙全境贯注形象之美，条理秩然，人类周遭满布欢愉之感，生机活泼。"[1]悲剧的诗人，因为对普遍生命的彻悟，故能酝酿性灵、感发生机，以艺术的巧妙手法，将命运的痛苦化为生命的美感，于是"宇宙翻成幻美的境界，生机争集妙趣的灵台"[2]。

古希腊智慧对于宇宙的美感认识，在价值论上看，与中国哲学异曲同工。方东美认为，透过中国哲学来看，宇宙不仅包含着道德的境界，也包蕴着生机盎然的艺术意境。他讲："几乎所有的中国哲学都把宇宙看作普遍生命的流行，其中物质条件与精神现象融会贯通，浑然一体，毫无隔绝，一切至善至美

---

[1] 方东美：《生命悲剧之二重奏》，载《生生之德：哲学论文集》，中华书局 2013 年版，第 50 页。

[2] 方东美：《生命悲剧之二重奏》，载《生生之德：哲学论文集》，中华书局 2013 年版，第 42 页。

的价值理想，皆可以随生命的流行而充分实现。"① 宇宙生生不息、创造不已，万有感应相通、交融互摄，无所挂碍，皆向至善至美之境地奋进。所以，中国的文化总是体现着一种艺术精神和境界，是一种妙性文化。而中国的艺术文化，化运神思、总持灵性、吐纳幽情，皆是体贴生命创造化育的精神而来。故不似西方古典艺术偏重模仿，中国艺术绝不受自然的机械束缚，而总能以其内在的生命创造力臻于最高的精神成就。

三、生命的艺术哲学

在方东美的生命美学里，艺术代表了一种对天地造化的欣赏颂扬，一种对宇宙永恒而神奇的生命精神的礼赞。艺术家以精神生命感应宇宙生命，然后以天才的技艺手法呈现其生生不息之妙趣。这种生命的意境，本质上是艺术家以精神染色相，用才情来点化万物，由之达到的一种物质与精神同情交感、融熔浃化的自由境界。自由精神驰骤奔放，超越物累、不受羁绊的生命气象因此在艺术中得到酣畅淋漓的呈现。这就是方东美

---

① 方东美：《中国人生哲学》，中华书局 2012 年版，第 121 页。

所讲的：

> 因为，艺术与宇宙生命一样，都是要在生生不息之中展现创造机趣，不论一首诗词，一幅绘画，一座雕刻，或任何艺术品，它所表露的酣然生意与陶然机趣，乃是对大化流行劲气充周的一种描绘，所以才能够超脱沾滞而驰骋无碍。然而这种宇宙的生命劲气，不论如何灿然展现，也都需要艺术心灵来钩深致远，充分发挥，其生命气象始能穆穆雍雍宣畅无遗！①

书不尽言，言不尽意，宇宙生命广大和谐之道深微奥妙，很多时候只能透过艺术来曲折地表达。尽管艺术的真理表达是曲折的，但表达的形式却又是直观的。艺术家以艰辛的探索，化为形象的语言，契情入幻，使弥纶天地的普遍生命在艺术中充分表露盎然生趣，灿溢美感，尽情宣畅生命气象。

而要做到这一点，对于艺术家来讲，并不是一件容易的事情。他们需要透过慧心，将自己的生命悠然契合宇宙的大化生

---

① 方东美：《中国人生哲学》，中华书局2012年版，第204页。

命，才能参悟大化生命之雄奇壮丽，然后经过苦心孤诣的内心孕育与构思，才最终能将内在的精神生命呈现为外在的生命气象，浩荡宣畅，了无遗蕴。在方东美看来，艺术创作一般要经历在大化生命之流中沉潜濡染的过程。开始往往蹑空追虚、抽绪无端，胸中难免矛盾冲突、感奋愁苦，而若艺术家能够不辞劳苦、穷幽探奇、揣摩钻研，终有灵台澄明、豁然开朗之时，此时意境成就，妙趣环生，化机在手，创作则似如有神助。他讲：

> 当此时也，兴会酣畅，即以自家之身心投向自然之怀抱，更将宇宙之奥妙摄入一己之灵台。向所未见之奇情幻境，均曲折呈露、假托形象、缔构纯美，艺术家之理想，成了大自然之范型，大自然之条贯，转变作艺术家之意匠。艺术创作宇宙形象之美，乃竟契合天然；宇宙泄露艺术神机之秘，适以完成自我。艺术天才之神工鬼斧，可以设想人类，趣令别出新样，别透玲珑；又能创建世界，使之提升超拔，脱尽尘凡。要在摭取幻想之理智，妙造意境，孕育才能，于千回百折中抉择比合其本身所缔构之意念，巧裁形

象，灿溢美感。①

艺术家克服万千困难，发抒创造之天才、艺术之想象，终而使生命精神铺张扬厉，艺术形象活色生香，意趣无穷，臻于至善纯美之境界。

真正的艺术，其中必然流动着宇宙生命的浩然真气，贯注着生命创造酣畅饱满的自由精神。而因为艺术的存在，陶冶性情，熔铸美感，裁成乐趣，使宇宙的雄奇生机化为神妙绚丽之美景，人的原始生命由此被擢升到人文生命的高度，生命的格局也因此展现出更加恢宏的气宇。

四、结语

"宇宙，心之鉴也；生命，情之府也，鉴能照映，府贵藏收，托心身于宇宙，寓美感与人生，猗欤盛哉。"② 在方东美的生命美学中，宇宙与心灵、物质与精神、天地自然与人都在普

---

① 方东美：《生命悲剧之二重奏》，载《生生之德：哲学论文集》，中华书局 2013 年版，第 45—46 页。

② 方东美：《生命情调与美感》，载《生生之德——哲学论文集》，中华书局 2013 年版，第 89 页。

遍生命之洪流中周行，交融互摄，流衍互润，圆融无碍，体现
着生命化育创进的精神。生命作为元体，贯通天地人三才之
道，其以乾元的创造力引发坤元的化育力，然后决化于万有生
命之中，据以奔进无穷，长流不息，渐臻于至善纯美之境界。
宇宙充盈着大化生命，生生不已，创进不怠，生命的纯美即充
盈天地自然与人间。人居宇宙之中，承其生生之德，协和天
地，参赞化育，深体天人合一之道，相与浃而俱化，所以显露
同样的创造，宣泄同样的生香活意。人心不仅能欣赏宇宙万物
之美，还能以精神染色相，通过艺术的灵巧手法，以生命才情
将万物点化成盎然大生机，融入艺术的作品。

　　总而言之，人可以通过生命的审美活动与审美创造，提升
生命的境界，使其从原始生命进入人文生命的境界，实现精神的
自由，从而使人生充满盎然生意与灿然活力，领受生命的意趣。

　　方东美的新儒家生命美学，虽然启发于现代西方伯格森、
狄尔泰、怀特海等人的生命哲学，但究其实质而言仍是以中国
传统哲学为根基的。其从《易经》"生生之德"出发奠立生命
哲学之本体论基础，进而从宇宙论角度阐明"生生之美"的价
值论意涵，再从"化育成性"中去探讨生命的审美鉴赏和艺术
创造意义，体系因此而完备。其生命美学的亮点在于抓住了

"生生之谓易"这一形而上学之"动"因，同时扣住中国哲学不二一元论的圆融智慧，为其生命美学心物相通、天人合一的意境论述提供了思想资源。这些都是方东美的新儒家生命美学体系建构的优长。至于其语言之典雅隽美，行文之天马行空，哲思之字字珠玑，固然也是不容忽视的优点，但这本身是一柄双刃剑，其于提升哲学表达之文学性的同时，也难免有雕琢繁复、语言含混、概念暧昧的弊病。① 当然，这在中国传统哲学的研究中属于见仁见智的问题。总之，瑕不掩瑜，方东美奠定的生命美学体系至今仍是需要中国美学界认真借鉴与吸纳的理论高峰。

---

① 罗光曾如此评价方东美："在他的理想中，宇宙是一个生活而谐的宇宙，人与宇宙相连，升到天人合一的境界，构成高度的精神生活。可惜他常留在理想界里，以诗人和文人的文章表达思想，不免有笼统不明确的阴影。但虽有这种中国哲学家传统的缺点，他仍旧是民国时期少见的哲学者，对于当前中国哲学界的影响也大。"罗光：《方东美的哲学思想》，参见国际方东美哲学研讨会执行委员会主编：《方东美先生的哲学》，台北幼狮文化事业公司 1989 年版，第 306 页。

第二章 罗光的新士林生命美学

尽管真、善、美同为哲学关注的终极价值范畴，但相对于形而上学、逻辑学、伦理学、政治哲学等"显学"，美学在哲学知识族系中一直属于"庶支"。盛极一时的天主教新士林哲学（Neo-Scholasticism），虽有二十世纪马里坦（Jacques Maritain，1882—1973）和吉尔松（Etienne Gilson，1884—1978）等先贤，为神学美学的发展披荆斩棘，但新托马斯主义美学无论在新士林哲学还是当代美学中的影响都极其有限。他们的工作并没有改变美学在士林哲学或整体哲学图景中长期边缘化的窘境。当二十世纪下半叶新士林哲学在东方遭遇儒学，形成融合中西神哲学精神的台湾新士林哲学时，美学的议题虽然依然相当边缘化，但至少吴经熊、赵雅博、罗光等代表性人物都给予了一定程度的重视。近年来，台湾新士林哲学的美学面向在第二代（如尤煌杰、刘千美）、第三代学者（如何佳瑞）的辛勤耕耘下，逐渐开花结果。至此，方有刘千美教授所谓"台湾新士林哲学的美学转向"一说。①

台湾新士林哲学的美学转向能否顺利实现，体系创新瓶颈期的士林哲学能否借此涅槃重生、更上一层楼，坦白讲，论者作为这场不温不火的哲学运动之观察者，至今尚未建立充足的信心。尽管如此，论者毫不怀疑这是一个重要的学术方向，值得"辅仁学派"甚至两岸学界同人为之努力。建立真正现代意义的、同时兼顾中西方哲学传统的汉语士林美学，并不是空中楼阁。"辅仁学派"赵博雅、罗光等前贤筚路蓝缕，已奠定一定基础，另外新儒家如方东美、牟宗三诸子以及宗白华、叶朗等先生对于中国美学的研究也皆有可资借镜或参照比较之处，现在活跃在学术界的新士林哲学的两代传人于中学西学皆有不俗的涵养，若能扭住生命美学这条学术脉络继续发扬光大，在系统上加以完善和升华，也未必不能成就

---

① 刘千美：《台湾新士林哲学的美学转向》，《哲学与文化》第 42 卷第 7 期（2015 年 7 月）。

这一学术转向。

首先，生命美学作为新士林美学体系建构的宗骨，必须树立起来。而生命美学的基础，又在生命哲学。生命哲学是生命美学的母体和源泉，离开生命哲学，生命美学就是无源之水，无本之木。新士林学派的生命哲学，是罗光一手建立起来的，其生命美学面向也是罗光打开的。所以，士林生命美学的当代体系建构，绕不过罗光的工作。

一、罗光生平及其生命哲学著述

罗光其人其学，在中国哲学界也算是少数开宗立极的典范，但在大陆学界却并不广为人知。

罗光 1911 年生于湖南衡阳一农村天主教家庭，自幼接受教会教育，高小毕业后入圣心修院读书，七年修读完毕中学课业，成绩优异，已熟悉拉丁文读写。随即以弱冠之龄赴罗马攻读大学，用十年时间先后在传信大学取得哲学博士和神学博士学位，在拉德郎大学取得法学博士学位。如此真材实料的三科博士学历，自晚清辜鸿铭以降在中国人文学界恐怕也是屈指可数的。罗光在取得其第一个博士学位（哲学）后，旋即受聘任教于其母校传信大学（1936 年），直到 1961 年到中国台湾任主教，共在罗马教书二十五载。其间，他已开始教授与研究中国宗教与哲学。赴台后又任教于辅仁大学和中国文化大学，并于 1978 年担任辅仁大学校长至 1992 年退休。这几十年通过教育与学术出版，他和同人们①已基本奠定台湾新士林哲学和"辅仁学派"的基础。

二十世纪以降中国哲学体系的建构，已经离不开西方哲学这一参照系。不同于新儒家牟宗三、唐君毅等侧重于儒家与现代西方哲学（主要是康德、黑尔格为代表的德国古典哲学）的比较与会通，罗光偏重的是天主教士林哲学的传统资源。他在《中国哲学未来的展望》一文中谈到士林哲学，直接视之为中国哲学未来发展的必经之路：

> 士林哲学虽然被人看作天主教的哲学，但是实际上它是代表欧洲的传统哲学，由亚里士多德，经过圣多玛斯而传到现代。在中古时它代表欧洲的唯

---

① 如于斌、李震、吴经熊、赵博雅、项退结、曾仰如、张振东、邬昆如、张春申、房志荣、黎建球、沈清松、傅佩荣、陈文团、唐端正、胡国桢、周景勋、潘小慧、陈福滨、尤煌杰等。

一哲学，到了近代，欧洲哲学分成了许多学派，或者采纳士林哲学的基本哲学，或者反对士林哲学的思想，直接地或间接地都和士林哲学有关系。而且这些哲学派别经过或短或长的时期就过去了，士林哲学则仍存在。别的哲学派常是讨论哲学上的一部分问题，士林哲学则有整部哲学的系统。……士林哲学的认识论、本体论、伦理道德论，为中国哲学未来的发展，在方法上、在原则上、在系统上，都能供给许多可采用的途径。欧美的新士林哲学已经采用了欧美新哲学派别的一些观念，如数学逻辑、现象学和存在论。中国哲学的未来发展，当然也要采用这些新哲学的优点。①

罗光将士林哲学视为中国哲学创新的源泉，固然出于对西方士林哲学包罗万象之哲学体系的服膺，但根本上讲是出于信仰。这也是台湾新士林哲学的本质，其背后是一种宗教精神。如耿开君所言，狭义的台湾新士林哲学，从实质精神上可限定

① 罗光:《儒家哲学的体系》，载《罗光全书》（册十七），台湾学生书局 1996 年版，第 414 页。

为"以天主教信仰、西方士林哲学传统以及西方新士林哲学的改革及本土化精神，创造性地转化为传统中国哲学，构建士林哲学意义的现代中国哲学的台湾天主教哲学"①。

赴台后，罗光集中学术精力研究中国哲学，会通士林哲学与儒家哲学，为的是在义理与文化精神层面打通天主教与中国文化之间的隔阂，使其融入中国文化。正如他讲："我一生写作的目标只有一个：使天主教进入中国文化。研究中国哲学，费了十年的工夫，写完《中国哲学思想史》，从先秦到民国，一共九厚册。又写了《中国哲学的精神》《儒家形上学》《儒家的生命哲学》。从长期的研究和写作，我寻到儒家哲学的基本中心，在'生命'的观念，朱熹以生命为'仁'，哲学的学者，如熊十力、梁漱溟、方东美、唐君毅、牟宗三，都有同样的见解，也都有说明。"②观其学思历程可知，罗光的问题意识和学术使命十分明确，那就是为融汇天主教文化与中国文化在精神层面打开哲学通途；同时也可知其发愿之深、用功之勤，否则很难想象一个学者凭一己之力，耗费十年时

① 耿开君：《中国文化的"外在超越"之路——论台湾新士林哲学》，当代中国出版社 1999 年版，第 23 页。

② 罗光：《罗光全书序》，载《罗光全书》（册一），台湾学生书局 1996 年版，第 II 页。

间在故纸堆里苦苦寻索，梳理出九厚册数百万字的《中国哲学思想史》，然后又在此基础上撰写出一系列总结性的论著。如其所言，孜孜矻矻的长期学术探索最终让他找到"生命"这一会通中西的哲学枢纽，从而成就士林哲学的生命哲学体系。这一哲学体系，被加拿大华裔哲学家沈清松誉为百年中国哲学发展的第三阶段。①

从治学的角度来看，此种愚公移山式的研究进路在某些人看来可能略显笨拙，但其实这才是学问正途。固然哲学家中有智慧超凡者，凭着灵机一显的才情华彩亦可提纲挈领成就一家之言，甚至开一时风气。但正如牟宗三所讲，学者对于学术史必须有客观的正解，有正解而后有正行，如果只靠真性情、真智慧、真志气，没有学养来充实，是支撑不起学问系统，修不成正果的。② 所以，罗光撰写《中国哲学思想史》，其实是先梳理哲学史资料，为的是达到所谓"客观的了解"，敦实学养，

---

① 参见沈清松：《百年中国哲学中罗光生命哲学的意义与评价》，载陈福滨主编：《存有与生命——罗光百岁诞辰纪念文集》，台湾辅仁大学出版社 2011 年版，第 1—24 页。

② 参见牟宗三 1990 年 12 月 29 日在第一届当代新儒学国际研讨会（台北"中央"图书馆）的主题演讲。牟宗三：《客观的了解与中国文化之再造》，载《牟宗三先生全集》（27），台北联经出版事业公司 2003 年版，第 419 页。

然后再进入总结性和原创性的研究。这种哲学进路，在当时中国哲学史研究尚不深入的情况下，自有其价值。二十世纪的中国哲学大家，就算是被傅伟勋誉为"王阳明以后继承熊十力理路而足以代表近代到现代的中国哲学真正水平的第一人"的牟宗三[①]，学问进路也大抵如此。[②]

罗光浸淫中国哲学数十年，融合士林哲学，晚年建构生命哲学之体系，完成了《儒家哲学的体系》、《儒家哲学的体系续篇》、《人生哲学》、《生命哲学》（初版、修订版、订定版）、《中国哲学的精神》、《儒家生命哲学》、《生命哲学续编》、《生命哲学再续编》、《形上生命哲学纲要》、《生命哲学的美学》、《形上生命哲学》等十余种总结性的著作。其生命美学，是建立在其生命哲学的系统基础上的，属于整个体系最后的圆满。这点类似康德和牟宗三的体系——康德以美学来结顶其先验哲学的体

---

① 傅伟勋：《从西方哲学到禅佛教》，生活·读书·新知三联书店 1989 年版，第 25—26 页。

② 在写《智的直觉与中国哲学》《现象与物自身》《圆善论》等体系性著作之前，牟宗三也曾对中国哲学史进行通盘的梳理，并出版《周易的自然哲学与道德函义》《名家与荀子》《才性与玄理》《佛性与般若》《心体与性体》《从陆象山到刘蕺山》《王阳明致良知教》《陆王一系之心性之学》等一系列时间顺序上大致连贯的哲学史论，呈现从周易到阳明心学约两千年中国古代哲学的发展历程，规模亦不亚于罗光九卷本《中国哲学思想史》。

系，牟宗三以美学来结顶其道德哲学的体系，罗光则用美学来结顶其生命哲学的体系。可见，在这些伟大的哲学体系创造中，美学也许最初算不上是最重要的部分，但最终却是无法绕开、必须正面的环节。①

罗光的生命美学是建基在生命哲学体系上的，他自己称之为"生命哲学的美学"，因此欲理解其生命美学，必先了解其生命哲学。

---

① 在前期的士林哲学体系建构中，罗光即已认识到美学的不可或缺性："美术则是用人的理性，又用人的感觉；感觉和理智、意志，在艺术里有同等的价值；而且感觉尚似乎重于理性，如同一个人，在具体生活上，感觉也似乎重于理性。因此美术较比哲学，更能代表整个的人，更能发展人的具体人格。因此我们在哲学一书的最后一编讨论美术。"参见罗光：《士林哲学：实践篇》，台湾学生书局1981年版，第421—422页。在其暮年的《生命哲学的美学》一书序言中，他也写道："既然提倡生命哲学，生命遍及人生各方面，生命哲学对于美学必定该有自己的理想。连年写了生命哲学的几册书，却没有专门讨论这门学术，《罗光全书》都已出版了，便只好留下了这项缺点。""上主天父却很慈悲，令我从濒死的病症中，能够再有时间和精力，持笔写作。当然不能精心作专门学术的长篇文章，我还是写了《生命哲学的美学》这本书，文字不多，参考书目不全，然勉强可以说明生命哲学的美学思想。"参见罗光：《生命哲学的美学》，台湾学生书局1999年版，第Ⅰ页。尽管罗光是在其生命接近灯枯油尽之时才补写了这部专著，但他系统关注美学的时间却至少可回溯到二十世纪五十年代。其实他在《士林哲学：实践篇》第三编"美术论"已有初步的尝试，当时，他已将美学视为哲学系统（士林哲学）不可忽视的一个部分。这从一个侧面也可解释为什么他会固执地认为没有美学的生命哲学系统是不完整的，在个人全集都出版后还要抱病写出《生命哲学的美学》一书。

二、作为生命美学基础的生命哲学

罗光用"生命"这一核心范畴贯通中国哲学和士林哲学。[①]
正是扭住这一哲学要害，他才得以实现对中国传统哲学（尤其
是儒家哲学）的现代性转化，建构出以士林哲学为精神内核的
生命哲学体系。如其所言，"我用儒家的'生命'作根基，融
合士林哲学，建立了我的形上生命哲学……中国哲学的共通方
向，是人生哲学。人生哲学的基础，则是形上的生命哲学"[②]。

罗光的生命哲学体系，集中呈现在《生命哲学》（初版、
修订版、订定版）、《生命哲学续编》、《生命哲学再续编》、《形
上生命哲学纲要》、《形上生命哲学》等著作中。如同牟宗三区
分"道德的形上学"（Moral Metaphysics）与"道德底形上学"
（Metaphysics of Morals）——前者依道德为根据建立的形而上
学，后者是以形而上学为依据建立的道德学——罗光也区分了
其"生命哲学"与"关于生命的哲学"，他在《生命哲学订定
版》序言中讲，"生命哲学""不是以哲学讲生命，而是以生命

---

① 罗光：《生命哲学订定版》，载《罗光全书》（册二），台湾学生书局 1996 年版，
第 IX 页。

② 罗光：《罗光全书序》，载《罗光全书》（册一），台湾学生书局 1996 年版，第
III 页。

讲哲学，这乃是儒家哲学的传统"①。在罗光看来，"儒家自《尚书》到《易经》，由《易经》到理学，在本体论方面，以'生生'贯穿全部思想，在伦理方面，以'仁'贯穿全部思想。仁即生，因此儒家思想可以称为生命哲学"②。

罗光认为，不仅儒家哲学属于生命哲学，整个中国传统哲学都可称为生命哲学。"儒家的《易经》，主张宇宙为一道生命的洪流，而以生命的根源为天地，《系辞下》第一章说'天地之大德曰生'，朱熹便说天地以生物为心，日夜不停，化生万物。道家的老子以'道'为天地之根，'道'化生万物……"③在他看来，中国的生命哲学从《尚书》开始便已经萌芽，至《易经》，已经在形而上学（宇宙论）方面发展成熟，儒家集其大成，贯穿"仁者生也"思想，最终成就生命哲学的大系统。④

罗光讲："仁既是生，生为孔子一贯之道，生的来源呢？孔子在《论语》里指出，'天何言哉，四时行焉，百物生焉！'

---

① 罗光：《生命哲学订定版》，载《罗光全书》（册二），台湾学生书局1996年版，第 XIV 页。

② 罗光：《儒家形上学》，台湾学生书局1991年版，第17页。

③ 罗光：《生命哲学订定版》，载《罗光全书》（册二），台湾学生书局1996年版，第 IV 页。

④ 罗光：《儒家哲学的体系续篇》，台湾学生书局1989年版，第167页。

生来自天地。天地化生万物，儒家乃讲《易经》，《易经》学者从汉代开始，一直到清代研究宇宙的构造和宇宙的变化，宋明理学家也都从事《易经》的研究，儒家哲学便建立系统，从宇宙论出发，由宇宙的变化讲到生生，生生为化生生命。"①生生之德，即为仁，这就是孔子所谓一贯之道，儒家道德哲学的基础。一句话，没有生命哲学担纲，儒家仁学——道德哲学就没有根基，无从建立。自然，同样是作为实践哲学分支的儒家美学，也没有本体论基础。所以，罗光的进路十分清楚，就是首先从本体论层面建立形上的生命哲学，然后再推展到形下的实践哲学层面。而这个形上的生命哲学系统，是从《易经》的宇宙论与创化论中生发出来的：

> 中国儒家形上学从《易经》开始，以万物或万有为"生"，"生"是动，万有便都是动，《易经》乃研究"动"，易经的易就是动。万有是动，是从"在"去研究，每个"有"都是"在"，每个"在"都是"动"，每个"动"都是"生命"，每个"有"都是"生命"。②

① 罗光：《儒家生命哲学》，台湾学生书局 1995 年版，第 II 页。
② 罗光：《生命哲学再续编》，台湾学生书局 1994 年版，第 26 页。

罗光主张"以生命讲哲学",即从形上的层面探讨生命哲学的体系建构,从而扬弃了"以哲学讲生命"的进路,即从形下的层面去探讨生命的意义,如附属伦理的人生哲学。因此,他的生命哲学不得不处理传统形而上学的基本问题,如"有"(存有)、"在"(存在)、"性"(本质)、"动"(变化)等,并在这些范畴的基础上搭建其生命哲学的本体论。

存有是形而上学第一位的根本问题。罗光认为,西方哲学除了亚里士多德和圣托马斯能够认真对待"有"(being)与"在"(existence)的统一关系,后来的哲学(主要指西方近现代哲学)都是把"有"与"在"分割开来讲的,于是对于"有"这一哲学基本问题只能静态地从空洞的性质上去界定,哲学由此变得抽象隔膜。他认为中国儒家生命哲学恰好能够调校西方哲学形上学发展进路中的这一重大缺憾,并与士林哲学的形而上学相契合。

西方哲学谈存有,往往将存有视为本质与存在的结合,然后静态抽象地谈论存在的本体是存有。罗光认为这种进路不能彰显宇宙创化和人的生命之能动精神,对存有的诠释也流于空洞乏味。所以他的形上生命哲学研究存有问题,基本立场是儒家的从具体到抽象,而不是西方形而上学从抽象到具体的进路。他曾在《生命哲学再续编》一书中明确宣称:

　　我讲生命哲学，从形上本体的理论去讲，不同于伦理的人生哲学。形上本体论讲"有"，"有"本体有"性"和"在"，"性"讲"有"是什么，"在"说"有"存在。从"性"去讲"有"，"在"的本性很空洞，是一个内涵最少，外延最大的观念，凡一切都是"有"，"有"就是"有"。从"在"去讲"有"，则"有"是"动"，因为"在"是具体的，实际上，"有"是动的，"有"的"在"是动，《易经》就说宇宙是"易"，万物也是"易"，易为变易，为动。《易传》说："生生之谓易。"（《系辞上》第五章）《易经》所讲的动，乃是"生生"，即生化生命。中国儒家的哲学传统一贯地讲宇宙万物都是活动的，都是生命。当代研究中国哲学的学者，如熊十力、梁漱溟、方东美、唐君毅、牟宗三诸先生都肯定儒家哲学的中心点是"生命"。因此，我为求儒家哲学的发展，乃讲生命。①

　　罗光形而上学讲生命，固然受到新儒家诸贤的启发和激

----

① 罗光：《生命哲学再续编》，台湾学生书局1994年版，第1—2页。

励，但根本上讲还是从他对基督宗教与儒家精神的体悟中来的。尤其是当他抓住中国哲学生命和体用一如的精髓后，思路就豁然开阔了。

西方形而上学讲存有本体是一成不变的，因此是抽象的观念，而在中国哲学中，存有是变化的、运动的，"中国哲学由具体存在方面去研究'有'，具体的有乃是继续的'生'。本体的生，不是一生就固定不变，而是继续不断的生，假若一断了'生'，便不存在，不有了。中国哲学乃以'有'为生命。"① 不仅如此，"中国哲学讲生生，每一'在'都是生生，生生是变易，生生的本体，应该是由'能'到'成'的变体，就是'生者'。这样'有者'，'在者'，'生者'，都是指着统一实体，然而在实际上'有者'就是'有'，或'在者'就是'在'，'生者'就是生命。两者有分别，在实际上则是同一；中国哲学所以常讲'体用合一'。"② 体用不二，就可以从"有者""在者""生者"把握那个超越的"有"，而这个"有"，其实既超越又内在。中国哲学以存有为生命，生命既是形下的，也是形上的。存有与

① 罗光：《生命哲学订定版》，载《罗光全书》（册二），台湾学生书局1996年版，第Ⅰ—Ⅱ页。

② 罗光：《生命哲学订定版》，载《罗光全书》（册二），台湾学生书局1996年版，第111页。

生命，为形上生命哲学一体之两面，如其所言："《易经》以'生生之谓易'，宇宙变易以化生万物，万物继续变易以求本体的成全，整个宇宙形成活动的生命，长流不息。西洋形上学以万物为'存有'，'存有'即存在之有，为一切事物的根基。中国哲学以万有之'存有'为动之'存有'，为'生命'，乃万物的根基。'存有'和'生命'为一体之两面。在这两面的根基上，建立我的哲学思想。"[①]

罗光认为，中国哲学将存有和生命视为一体两面，物体从本体方面去看"有"，万物就是万有，万有皆生命——存有即生命，生命的根基在于运动，万物存在都是生命的运动。"所以说万物都是活动的，万物都有生命。"[②]生命从存在的内容上看，即万物具体的存在上看，生命即是生化。这种生化，来源于阴阳二气相生相克、交互运动构成的宇宙大化。《易传》曰："一阴一阳之谓道，继之者善也，成之者性也。"(《易经·系辞上》)生命乃阴阳二气运动构成的"本体内在之动"，这种"动"，即罗光所谓宇宙大化流行之"创生力"——此乃宇宙本体之力，

---

① 罗光：《生命哲学订定版》，载《罗光全书》(册二)，台湾学生书局1996年版，第XIV页。

② 罗光：《生命哲学再续编》，台湾学生书局1994年版，第2页。

是宇宙活动变化、生化万物的动力因。[1]

士林哲学的信仰背景使罗光相信，创生力虽能提供宇宙大化流行的无限动力，但创生力本身却来源于造物主的创造力。"创造主以创造力，创造了'创生力'，'创生力'化生宇宙万物。"[2] 也就是说，宇宙不是自由体化生的，而是造物主使用创造力创造的。创造力创造宇宙，本质是创造了一种力，这种力就是创生力。老子所谓"道"，张载所谓"太和"，都包括此种创生力。造物主创造的宇宙中每一物体的生化，都靠创生力发动物质，按照造物主造生此物的理念结合而成此物本体的性质——"命日受则性日生"，所以是凭借创生力而存在的。如罗光所言："宇宙有自己的质，有自己的理，有自己的力，力就是创生力。创生力无限之大，如野马奔腾，继续变化，化生万物。万物各有自己的质，各有自己的理，各有自己的力。万物各自的质，都来自宇宙的质；万物各自的理，各来自创生力所接受由创造力所赋之理；万物各自的力，来自创生力。"[3] 因

[1] 罗光：《生命哲学再续编》，台湾学生书局1994年版，第2页。

[2] 罗光：《生命哲学订定版》，载《罗光全书》（册二），台湾学生书局1996年版，第46页。

[3] 罗光：《生命哲学续编》，载《罗光全书》（册二），台湾学生书局1996年版，第7页。

此，创生力代表的是一个活动的宇宙，一个生生不息的宇宙。

使宇宙万物生化不息的动力来自创生力，而创生力在本体论上讲又源自创造力，是创生力分享了创造力的创造能，才能化生宇宙万物。二者的关系，罗光比喻为电流与电源关系，不可分割，一旦分割，创生力离开消失，整个宇宙万物也就消失，归于虚无。①

创生力的意义在于维持宇宙的运动，维持宇宙的变化。然而这种运动和变化并不是盲目而混沌的，宇宙的运动和变化是被赋予了目的的，这个目的就是生命，生命的本质乃造化的仁爱②——"天地之大德曰生"（《易传·系辞下》），"生是仁，仁是爱生命"③。"创生力在所化生的每件物体以内继续变易，每件物体乃有内在的继续动，乃有生命。"④ 个体的形而下的生命，又与整体的形而上的生命相通；个体的生命与宇宙整体的生命相通，故个体与个体的生命相通。这种生命的联通，本质

---

① 罗光：《生命哲学订定版》，载《罗光全书》（册二），台湾学生书局1996年版，第46页。

② 从士林哲学的角度看，"爱是授与不是占有，造物主爱万物，授予万物存在的生命。万物的'存有'，为造物主的爱之赐予"。罗光：《生命哲学订定版》，载《罗光全书》（册二），台湾学生书局1996年版，第255—256页。

③ 罗光：《生命哲学再续编》，台湾学生书局1994年版，第100页。

④ 罗光：《生命哲学再续编》，台湾学生书局1994年版，第7页。

是通过生命的仁爱来实现的。如罗光所言:"宇宙万物合成一个整体,整体是生命,生命好似一大海的水,东西南北荡漾不息,在海水中的物体,因水而相互贯通。仁是生命,仁道是生命的相通,是生命的爱。"[①]

在罗光看来,宇宙是一个生命整体,万物都浸润在这一整体的生命洪流之中。不过,生命之理在不同的事物中表现有程度的差别。"在矿物里,生命只是一个隐而不显的无生物,在各级生物里,生命分级地显露出来,在人里,生命整个地显露出来,朱熹说天地间'理一而殊',万物有同一的生命之理,但是生命之理的表现则有不同。人的生命最完满的生命,而人的生命以心灵的生命为最高。"[②] 人是宇宙的一份子,与万物共享生命的恩泽,同时人的生命又与万物的生命相通。儒家一向视人为万物灵长,《易经》早就以人可德配天地而与天地并称"三才","天地的生理,在人生命中,完全表现,人的生命为万物成全的最高生命,人乃为万物之灵,代表万物,成为和天

---

①　罗光:《生命哲学订定版》,载《罗光全书》(册二),台湾学生书局1996年版,第250页。

②　罗光:《儒家哲学的体系》,载《罗光全书》(册十七),台湾学生书局1996年版,第106页。

地的三才"[1]。周敦颐在《太极图说》中论人即称，"乾道成男，坤道成女，二气交感，化生万物"。"惟人也，得其秀而最灵。形既生矣，神发知矣，五性感动而善恶分，万事出矣。"[2] 按照士林哲学的讲法，"天命之谓性"，人的创生之理——灵魂（或曰"心灵的生命"）来自造物主，"每一个人的灵魂直接由造物主的创造力而赋予创生力——即出生的这个人的创生力，也就是这个人活的存在，也就是他的生命，生命便是他的灵魂"[3]。人的生命是灵肉合一、心物合一的生命，他的高贵恰在于其拥有心灵的生命这个源自造物终极实体的精神体。所以罗光说："生命的成和表现，在人内最完全，人的生命在宇宙内为最高的生命，为心物合一的生命，为有灵性的生命。"[4]

人的灵性生命，源自天地造化之理，为宇宙生命在万物中最精美的体现，而宇宙生命的精神为仁爱，所以人的灵性生命应该积极体现、回应宇宙生命仁爱之理，"参天地，赞化育"。人以精神生命回应宇宙生生不息的仁爱之理，是由内及外、由下而上的，即首先通过培育内心之仁，充实自身的心

---

① 罗光：《儒家生命哲学》，台湾学生书局1995年版，第170页。
② （北宋）周敦颐：《周子全书》，商务印书馆1937年版，第14、19页。
③ 罗光：《生命哲学再续编》，台湾学生书局1994年版，第3页。
④ 罗光：《生命哲学再续编》，台湾学生书局1994年版，第7页。

灵生命，然后才有儒家所谓"尽其心者，知其性也。知其性，则知天矣"（《孟子·尽心上》）。"唯天下至诚为能尽其性。能尽其性，则能尽人之性。能尽人之性，则能尽物之性。能尽物之性，则可以赞天地之化育。可以赞天地之化育，则可以与天地参矣。"（《中庸》）所以罗光讲："儒家的尽性，在于发展自己的生命；发展了自己的生命，也就发展别人的生命；发展了人的生命，也就发展了万物的生命，发展了万物的生命，就是参加天地的发育。"①在儒家看来，仁是精神生命的内在目标，其本质是与宇宙生生不息之目标一致的。"生命的顶点和完全点是仁，仁即生。生为创生力，创生力来自创造力，创造力来自创造主，创造主创造一切是为'爱'，即是'仁'。宇宙的生命，为生生，生生达到完全点，乃是仁。"②因此对人来说，生命的本质就是爱自己和宇宙万物，追求其永无止境的本体价值。

这个世界的本体价值乃真善美。一切实体皆因着创生力而

---

① 罗光：《儒家哲学的体系》，载《罗光全书》（册十七），台湾学生书局1996年版，第135页。

② 罗光：《生命哲学订定版》，载《罗光全书》（册二），台湾学生书局1996年版，第110页。

得存在，实体的"在"，究其本体而言就是真善美。[1] 所以罗光说，"人的本体是真善美，人心有真善美的要求"[2]；"求美、求善、求真，为生命发展的正常途径。"[3]

三、客观的美

尽管人的生命是包含心灵与肉体两个维度，但毫无疑问，只有心灵的生命才是人生活的主宰。心灵提升生命的层次，它决定着个体生命的丰盈与贫瘠。心灵活动都有向上的欲求，追求超越的意义，自然有其精神价值目标。这就是罗光所说的，"人的生命为心物合一的生命，然以心的生命为主宰。心的生命，在于美、善、真、爱的各种活动，遍及知识生活，意志生活，情感生活，且有发展的历程，形成历史的意义。"[4]"精神

---

[1] 罗光：《生命哲学订定版》，载《罗光全书》（册二），台湾学生书局 1996 年版，第 136 页。

[2] 罗光：《生命哲学的美学》，台湾学生书局 1999 年版，第 4 页。

[3] 罗光：《生命哲学订定版》，载《罗光全书》（册二），台湾学生书局 1996 年版，第 194 页。

[4] 罗光：《生命哲学订定版》，载《罗光全书》（册二），台湾学生书局 1996 年版，第 VI 页。

活动的目标，就是欣赏绝对的真美善。"① 所以，求真向善爱美
是人发扬心灵生命，发展人心的仁，成全自己的生命的必然
要求。

爱美，对美的追求，是精神生命的共性。如前所述，人的
生命是心物合一的生命，包含生理、感觉、心灵等多个维度。
人的心灵生活是精神生活，精神生活则包含理智生活、意志生
活和情感生活。其中，人的情感生活对美有特别的欲求。

而美为何物呢？对于这个美学史的第一大难题，罗光生
命哲学吸收东西方美学，尤其是吸收士林美学和儒家美学概
念②，给出了自己的答案："美是实体的特性，实体充实而有光
辉能激起欣赏时，便称为美。"③"生命是美的根基"④，"美的本

① 罗光：《生命哲学再续编》，台湾学生书局 1994 年版，第 10 页。
② 参见罗光：《生命哲学续编》，载《罗光全书》（册二），台湾学生书局 1996 年
版，第 131—134 页。罗光其实很早便有意识结合中国美学和西方现代美学
资源改造士林美学，至少在二十世纪五十年代他便已经在其士林哲学中实践
这一思想路线。"士林哲学经过文艺复兴以后的衰颓时期，于今已经又走上
复兴的大道。士林哲学复兴之路，一方面在于发挥中古士林哲学的基本形上
观念，一方面在于加入新的材料和新的方法。在美学上，新士林哲学也采取
这样的途径，既不抛弃圣奥斯定和圣多玛斯的美学观念，但也不死守这两位
大师的简单美学思想。"（罗光：《士林哲学：实践篇》，台湾学生书局 1981 年
版，第 399 页。）
③ 罗光：《士林哲学：实践篇》，台湾学生书局 1981 年版，第 408 页。
④ 罗光：《生命哲学的美学》，台湾学生书局 1999 年版，第 1 页。

质，乃是生命"①。

　　罗光生命美学延续了士林美学客观主义的美学本质论，认为美是实体的属性。"美不是一种纯粹主观的感觉。美感也不是一种纯粹主观愉悦，美是客观实有的。即是说：美是真有美；美是实在的美。"②所有的实体，无论是精神实体还是物质实体，从本体论上讲都具有美的属性。"实体在本体上一定是充实的，所以常是美的。这种美是本体之美，是形上之美。因此，凡是实体都是美，精神体也必定美；而且精神体的充实和次序，常超过物质体，精神体便较物质物更美。绝对的精神实体，乃是绝对的美。"③绝对的精神实体，乃是指造物主这一"绝对存在"，其本身就是绝对的美。造物的美，都来自这种绝对存在的美。"天地有大美而不言"（《庄子·知北游》），却呈现于宇宙万物，呈现于宇宙万物的生化不息中。所谓"上天之载，无声无臭"（《大雅·文王》），如孔子所言："天何言哉？四时行焉，百物生焉。"（《论语·阳货》）"宇宙自然无论在本

----

①　罗光：《生命哲学续编》，载《罗光全书》（册二），台湾学生书局1996年版，第144页。

②　罗光：《士林哲学：实践篇》，台湾学生书局1981年版，第409页。

③　罗光：《生命哲学续编》，载《罗光全书》（册二），台湾学生书局1996年版，第143页。

体上，或在运行上，都是美。宇宙自然之美，在于各物互相和谐而不见痕迹。宇宙的和谐使万物成为一。"① 这个终极的一，就是绝对存在，就是绝对的美，从生命哲学来看，就是生命。

生命即存有，一切实体的存在皆源于生命本体之运动，因此生命是一切实体之美的源泉。"生命哲学的生命是实体的本体，在实际上实体就是存在，存在就是动，存在的动就是生命；美和生命同为实体的本体。存在既是本体的根基，存在又是生命，生命便是美的根基。"②

实体之美，由审美客体的不同可以划分为不同类型。罗光讲："美的实体，可以是实在的实体，可以是理想的实体。自然界之美，实体都是实在的；美术之美则大都是理想的。美的实体又可以是物质的或精神的。物质体有物质之美，精神体有精神之美。"③ 用审美学的概念来表述，就是物质美和精神美的区分，自然美与艺术美的区分。但罗光生命美学不是从审美学的主观主义视角来界定美的类型的，而是从实体的客观主义视角来区分的。他讲："精神实体没有分子，它的本体当然充实，有美的

---

① 罗光：《士林哲学：实践篇》，台湾学生书局 1981 年版，第 370—371 页。

② 罗光：《生命哲学的美学》，台湾学生书局 1999 年版，第 2 页。

③ 罗光：《士林哲学：实践篇》，台湾学生书局 1981 年版，第 410 页。

基本。物质物有协调、均匀和统一而称美，也只是本体的美；实际的美，需要有表达之美。自然物质物具有表达之美，便是自然美；人造物具有表达之美，便是美术之美。精神实体常是自然实体，不能由人工所造，它的本体的充实，自然表达于外，精神实体，所以常是美。"① 所以罗光所谓的美主要有"两类三种"：精神美与物质美，物质美又可分为自然美与艺术美。总之，美是实体生命自身的表达，不取决于审美主体的规定。这表明中国士林生命美学的一个重要理论前提是承认美的客观属性。

罗光生命美学吸收儒家和士林哲学"充实之美"与"光辉之美"的思想，而提出"美是生命充实而又光辉"的命题。② 孟子讲："可欲之谓善，有诸己之谓信，充实之谓美，充实而有光辉之谓大，大而化之之谓圣，圣而不可知之之谓神。"(《孟子·尽心下》) 罗光认为，孟子所说的"大"，可以释为美的定义。③ 这句话从生命美学本体论的角度来理解，即实体的本体内涵充实，通过一定形式表现出美的光辉，就是生命的"充实美"。所谓"充实而有光辉"包含了美的内外两个层面，"充实

---

① 罗光：《生命哲学的美学》，台湾学生书局 1999 年版，第 2—3 页。

② 罗光：《生命哲学的美学》，台湾学生书局 1999 年版，第 II 页。

③ 罗光：《生命哲学的美学》，台湾学生书局 1999 年版，第 2 页。

是就本体讲，是美的内，光辉是就表达讲，是美的外。"① 充实是美的内在本体属性，光辉是美的外在表现属性，二者互为表里，不可分割。如罗光所讲："本体之美在物质物内，以形式表现于外，表现美的形式便应该是充实。充实的形式又借着风格而有光辉，则更美而称为大。实体充满而大，若是呆板无力，则是一件死物，不能成为美。"② 所以，美需要以生命作为根基。

美的实体，在罗光看来，必须是内涵充实、比例和谐又具有突出个性特征的统一实体。所谓突出的个性特征，是由实体的生命本体所投射出来的生动之气。如其所言："美的特别要素在于生动或生气，生动和生气则是生命的活动，也就是生命的表现。"③ 他举例讲，不仅艺术品欣赏讲究气韵生动，自然审美也是这个标准。在他看来，自然美的呈现，不只是靠审美主体的移情作用，自然界本身就具有表现美的条件和要素，山水美景本身具有美的统一性。"自然界的物体以创生力而化生，内部因创生力而常动，内部的自动也能稍形于外。自然界的美

---

① 罗光：《生命哲学的美学》，台湾学生书局 1999 年版，第 3 页。
② 罗光：《生命哲学续编》，载《罗光全书》（册二），台湾学生书局 1996 年版，第 143 页。
③ 罗光：《生命哲学续编》，载《罗光全书》（册二），台湾学生书局 1996 年版，第 143 页。

也是生命的显露。"① 所以，无论艺术美还是自然美，其生动之气都是生命发展充实而有光辉的表现。

生命的充实之美，是离不开实体的形式表达的。光辉，本质是美的内涵之具象表达。如罗光所说："光辉是充实的表达，表达为美的要素，表达而有光辉，第一要有实际性的表达，不是抽象式的表达……第二，要有明朗的表达……第三，符合人心的美感……第四，美是动的不是静止的……"② 光辉，这一概念严格讲不是儒家美学的核心范畴，罗光生命美学的光辉概念更显而易见的理论来源是士林哲学。

早在中世纪圣托马斯·阿奎那就提出美的三大形式要素为完整、比例和光彩。"美要求三点：第一点是完整或完美，因为凡不完整的东西都是丑陋的；第二点是比例或和谐；第三点是光彩或明晰，因此被称为美的东西都色彩鲜明。"③ 完整指的是美的形式的统一性或整体性，统一性又与形式的比例

---

① 罗光：《生命哲学续编》，载《罗光全书》（册二），台湾学生书局 1996 年版，第 143 页。

② 罗光：《生命哲学的美学》，台湾学生书局 1999 年版，第 3 页。

③ Thomas Aquinas, *Summa Theologiae*, I, Q.39, art.8. 参见 [意] 圣多玛斯·阿奎那：《神学大全》（第一册），周克勤等译，台南碧岳学社、高雄中华道明会 2008 年版，第 567—568 页。

和谐有关，并最终因为形式的和谐和完整，加上鲜明的色彩，使实体形式呈现光彩夺目之美——形式的光辉。圣托马斯关于形式美的三要素，在罗光看来只适合物质实体的美学定义，在描述精神实体之美时有其先天不足。"物质物的美必定要有具体的形相。形相为能有光辉，要有以下特性：鲜明、均衡、结构统一。"①"不过协调和统一，是关于由分子构成的物体，对于没有分子的精神体则用不上。"②精神体没有本体、形相之分别，本体即形相。"精神美的形相就是精神体本体，精神本体的光辉就是美。"③所以，为了规避传统士林美学形式美三要素解释精神形相之美的局限，罗光选择用夺目的光辉这个概念来统摄形式美诸要素。这可视为他对士林美学的一个重大修正。

四、主观的美感

虽然美是生命实体客观的属性，但作为认识美、欣赏美的

① 罗光：《生命哲学的美学》，台湾学生书局 1999 年版，第 9 页。
② 罗光：《生命哲学的美学》，台湾学生书局 1999 年版，第 1 页。
③ 罗光：《生命哲学的美学》，台湾学生书局 1999 年版，第 9 页。

主体必然是具有精神生命和理性生命的人，因此美感一定源于审美主体，是主观性的。罗光讲，"美，该有美感，美感本身是生命充实发展的互应"，"有美感的生命，必是理性生命；不是理性生命可以有快感，但不能有美感，例如狗、猫。理性生命遇到另一个充实而有光辉的生命，兴起美感……谈美感，就要注意兴起美感的主体和引起美感的客体。美，是在引起美感的客体，主体是欣赏美而有美感。"①相应于美是对生命实体的客观属性概括，美感则是对审美主体的主观情感描述。美感，来自精神主体具体的审美活动，它是一种针对特殊的对象——美的认识活动。如罗光在《士林哲学：实践篇》中所言：

> 美感，是美的认识，是美的欣赏。美的认识与欣赏，本分为两事，但在事实上，两者同时并有，在认识美时，必欣赏美；在欣赏美时，必认识美。未有认识美而不欣赏美的，否则，美将不是美；也未有欣赏美而不认识美的，否则欣赏将不是欣赏。美的认识与欣赏，乃称为美感，因欣赏美时，人心所有的动作，

---

① 罗光：《生命哲学的美学》，台湾学生书局1999年版，第5页。

　　以感情为重。美感的感，不是指感觉，乃是指感情，即是欣赏美之愉悦心情。①

　　审美活动，对于美的认识活动，并不同于一般理智的认知活动可以增加知识，它并不增加知识，却增加情感的愉悦经历。因为这种认识活动是与欣赏活动结合在一起的，其本质是一种情感体验活动。

　　儒家讲"喜怒哀乐之未发谓之中，发而皆中节谓之和"(《中庸》)，"情动于中而形于言"(《毛诗序》)，都说情随人心之本体而动，是心之外化表现。何谓心之体？朱子理学讲"心统性情"，"性为心之本，情为心之动"。② 性为体，情为用。性为心之体，性即理也。此理为生命之理。生命之理是抽象而静止的，但此理发动生命外化为情，则是具体的、运动的，可以直观，可以直觉，可以体验。

　　如前所述，人作为生活实践主体，其心灵活动主要可分为三种，一是理智活动，二是意志活动，三是情感活动。理智活动以真为目标，意志活动以善为目标，情感活动以美为

---

①　罗光：《士林哲学：实践篇》，台湾学生书局1981年版，第423页。
②　罗光：《生命哲学的美学》，台湾学生书局1999年版，第8页。

目标。所以，美感是情感能力在实践活动中所获得的特殊生命体验。这种体验，是单靠理智分析或意志决断无法获得的。"美对于感情所引起的反应，普遍是一种愉快的感觉，进而引发一种兴趣，对于美乃有欣赏的快乐。愉快是感官的感受，乐趣则是心灵的感受。这些感受都属于感情。"[①] 美专属于情感，不属于理智或意志。但也不能说完全与理智和意志无关。人作为整体的精神存在，其审美活动往往不可避免会调动其他精神活动，如理智活动与意志活动。如罗光所讲："美术则是用人的理性，又用人的感觉；感觉和理智、意志，在艺术里有同等的价值。"[②] 尽管如此，美却并不在理智和意志上引起美感反应，而只是在情感上引起美感反应。美只能靠情感去体验。

美感不是抽象的理智认识，也不是目的性的意志判断，而是情感对于实体形相之光辉的直觉体验。"这种美感，直接产生感受，不经过反省，例如如恶恶臭，如好好色。"[③] "充实而

---

① 罗光：《生命哲学续编》，载《罗光全书》（册二），台湾学生书局 1996 年版，第 137 页。

② 罗光：《士林哲学：实践篇》，台湾学生书局 1981 年版，第 421 页。

③ 罗光：《生命哲学订定版》，载《罗光全书》（册二），台湾学生书局 1996 年版，第 160 页。

有光辉的美，呈现在观赏者的心目中是直接的，不要经过思索研究。"① 为此，他批判现代派美术和禅宗公案不能直接欣赏，因为后者往往需要经过理智思索之后才能心智明朗，获得某种精神欣悦。在罗光看来，不仅美的欣赏是直接的，甚至美的表达也要遵循这一原则。"美的表达要用形式，形色的美用颜色线纹，精神的美用观念。表达的程度应该是显明直接的，不能隐晦曲折，须用思虑去探索。"② 总之，审美直觉所要求的直接性在罗光生命美学中已被视为是美感的必要条件，不可或缺："美为直觉的欣赏，若是要加思索，则不符合美的条件"③。但此说只强调美感的直接性，显然忽视了间接性的美感，譬如"理趣"这样一种特殊美感，往往就需要经过理智活动才能获得。

把美的感知纳入认识论的范畴，罗光认为它与直觉认识直接相关：一般认识论把人的认知能力分为感觉认识、理智认识和直觉认识三种，其中只有直觉认识是人心能够不经思虑直接看到客体并深入其内部从而完整把握客体对象的能力，即无须

① 罗光：《生命哲学的美学》，台湾学生书局 1999 年版，第 9 页。

② 罗光：《生命哲学订定版》，载《罗光全书》（册二），台湾学生书局 1996 年版，第 163 页。

③ 罗光：《生命哲学的美学》，台湾学生书局 1999 年版，第 4 页。

理性参与直接从具体事物过渡到普遍性、殊相过渡到共相的认识能力。"直觉的特性，是深入客体内涵的意义，不只认识外状。直觉的认识乃是最正确的，直觉的特性又是全部的，不是局部的认识。"① 罗光把美感视为一种生命的直觉体验，所以审美活动通过直觉体验可以把握存在本体——生命整体或美本身。他讲："美感是直接体验，体验为整体生命和一个充实而光辉的生命相联系，体验主体和被体验客体相互综合，而成为一体，实现意识统一的意义，体验存在于生命整体中，生命整体目前也存在于体验中。"②

在美的欣赏中，审美主体整体的生命都浸润在美的体验中，美是直接而纯粹的，完全自律自足的。在此，罗光生命美学显然接受了现代审美学的基本命题——审美的非功利性原则。美感被看作一种无目的的合目的性，不涉善恶利害，无关理智权衡。所以他说："对于美的欣赏，在感情中乃是最纯净的，不包含利益，不运用思虑，只是美的予受。"③

---

① 罗光：《生命哲学的美学》，台湾学生书局 1999 年版，第 10 页。
② 罗光：《生命哲学的美学》，台湾学生书局 1999 年版，第 11 页。
③ 罗光：《生命哲学订定版》，载《罗光全书》（册二），台湾学生书局 1996 年版，第 163 页。

"情的目标在于愉快，在于趣味的满足。"①"美在心灵生命中所引起的，不是思虑的知识，而是情感的满足。"②情感追求满足和愉悦，而美感是这样一种满足而愉悦的情感，但不是所有满足而愉悦的情感都是美感。

首先，情感的愉悦可分为肉体感官的愉悦和精神心灵的愉悦。在罗光看来，世间一切实体为自己的存在都有所要求，因为它们都是有限者，不能永恒存在，为了使自身继续存在——变易，就需要满足自身存在发展的需求。"生命追求满足，乃实体的天性。""植物、动物和人，为发展自己生命，更各有所需要，若能得到，生命可以继续发展。在有感觉生活的物体，生命的需要能得到时，感到一种满足的感觉，体验到一种舒服快感。"③所以在生命美学看来，不是只有人才拥有愉快的感觉，人之外的其他生命在得到满足时都可能产生愉快情绪。所以，愉快的情绪不等于美感。对人而言，肉体感官之情为欲，欲望

---

① 罗光：《生命哲学的美学》，台湾学生书局 1999 年版，第 6 页。
② 罗光：《生命哲学订定版》，载《罗光全书》（册二），台湾学生书局 1996 年版，第 158 页。
③ 罗光：《生命哲学订定版》，载《罗光全书》（册二），台湾学生书局 1996 年版，第 158 页。

的满足是"物质的愉快"。^① 这种单纯的生理或感官欲望上的满足感，只能称作"快感"。^②"快感"与其他生物生命发展得到满足时的那种舒服愉快，本质上是属于同一层次的，而美感却是人类所独有的一种高级情感体验，所以二者不能同日而语。

美感是心灵感受，一种精神的愉悦。这样讲，不是说美感是纯粹精神的，与感官完全无涉。"人是心物合一的实体，心灵的感受也常经过感官"^③，"当我接受一种美而欣赏时，我用感官和心灵去接受，然而不加思索，而是我的生命直接和美相遇，我的生命接受了对美的追求所得的满足，自然而满足喜悦……"^④ 所以美感应该是感觉和心灵结合的生命感受，一种通过感官获取的精神上舒服愉悦的意识，以此区别于单纯生理意义的感官愉快。

美感是一种精神的愉悦，但精神愉悦不一定就是美感。理智和意志不能在人心里引起美感反应，并不等于人心对于真和

---

① 罗光：《生命哲学的美学》，台湾学生书局1999年版，第6页。
② 罗光：《生命哲学订定版》，载《罗光全书》（册二），台湾学生书局1996年版，第160页。
③ 罗光：《生命哲学订定版》，载《罗光全书》（册二），台湾学生书局1996年版，第160页。
④ 罗光：《生命哲学订定版》，载《罗光全书》（册二），台湾学生书局1996年版，第163页。

善毫无情感反应。情感对于真和善同样也是有反应的，而且同样可以引起某种精神的愉悦，或者趣味的满足。但这样的精神愉悦和满足并不等于美感。如果真与善引起的愉悦可以称为美感，那一定是从美感本身延伸来的。罗光认为这种精神现象与"情"的本性有关：

> "情"的本性是生命的活动，是生命对自己的发展觉得满意。"真"和"善"为生命的发展，当然可以使生命自觉满意。然而人心对"真"和"善"的满意，是对"美"的满意延伸而来的。"真"和"善"能够使人心满意，一定因为"真"和"善"得到了"充实"，原先有的缺憾，现在被填满，因而人心觉得满足。这种满足，是对"充实"的满足，是美感。①

人的生命追求充实发展，合于存有的存在目的（康德所谓"合目的性"），达到相当的充实程度后，就自然感到满足和愉悦，当其遇到其他生命也达到相当程度的充实，同样自然感到

_____

① 罗光：《生命哲学的美学》，台湾学生书局 1999 年版，第 6 页。

愉悦。"喜悦在两生命内相互应映，即是美的兴趣。"①"这种美感不是感觉上的愉快，而是生命自然的满足。"②

从生命哲学去看美，美是生命的充实发展，美感是生命的情感体验活动，当然要从生命的活动中去寻找。③

人为万物之灵，宇宙万物中最高的生命，但人不是孤独的存在。宇宙创生之力周流万物，在万物中体现为生命力，如罗光所说，"每个实体的存在，为一个变易常动的存在，即是生命力的进展"④。因为宇宙万物之生命力来自同一创生力，故各种实体生命相通，互感互应。"《易经》以宇宙由变易之力所畅通，变易之力是生生之力，生生之力使万物化生，神妙莫测。万物内部有生命，彼此相通相感。"⑤人的生命之气同样也能与万物之气感应相通。所以当与一个实体相遇，这个实体表现了其充实而有光辉的形相美，无论其是物质的形相还是观念的形相，人的心灵都会产生满足的愉悦。美感本质是生命的共鸣。

---

① 罗光：《生命哲学的美学》，台湾学生书局1999年版，第14页。

② 罗光：《生命哲学的美学》，台湾学生书局1999年版，第8页。

③ 罗光：《形上生命哲学》，台湾学生书局2001年版，第209页。

④ 罗光：《生命哲学订定版》，载《罗光全书》(册二)，台湾学生书局1996年版，第157页。

⑤ 罗光：《生命哲学续编》，载《罗光全书》(册二)，台湾学生书局1996年版，第137页。

如罗光讲："在美感中，外在的美，适合人心的美感，引起共鸣，这是一种相互的关系。"①

审美活动中的这种相互关系，是审美主体的生命与审美客体的生命之融合。"美，引起感情的反应，使人心里感到兴趣，这种反应，深入人的生命里，使人的心灵和美的客体相互融合。"② 审美客体引起人生命情感的愉悦反应，从而形成美感。而能够引起美感，表明客体内部已经发展了与审美主体内在相应的生命，否则很难引起审美兴趣。美感因此不能狭义理解为感性活动，它是整个生命的接触、接受和联结。于是，"一个人欣赏美，是他整个的人在欣赏，用生命去接触，其中用感官，用理智，尤其动感情。美的事物是生命的表现，和欣赏者的生命直接接触，欣赏的人所体会的各有不同：因为各人的生命不完全相同，都是有个性，美的欣赏也就各人不同。"③

在审美活动中，美感是生命与生命、美与美的交融，是主客一体，是心物不二、物我圆融。其实在欣赏者本身，何尝不

① 罗光：《生命哲学的美学》，台湾学生书局 1999 年版，第 4 页。
② 罗光：《生命哲学续编》，载《罗光全书》（册二），台湾学生书局 1996 年版，第 138 页。
③ 罗光：《生命哲学续编》，载《罗光全书》（册二），台湾学生书局 1996 年版，第 140 页。

是一样？"心灵的生命，在发展历程中，常一面表达自己的美，一面接收其他物体的美。接收美为欣赏美，欣赏美为美和美的相应，生命和生命相融洽，表达美为心灵生命的发扬。爱美，因此是人的天性。"① 美是人的生命目标，因为那是一种精神自由的境界。美感中恰恰包含着有限生命实体摆脱物质束缚趋向无限之真善美的自由。所以，美感可以充实人的生命，提升生命的境界。

五、气韵生动是艺术的灵魂

通常所谓艺术，罗光常以"美术"称之。艺术问题在其《士林哲学：实践篇》《生命哲学续编》《生命哲学的美学》中皆有专论。何谓"美术"？罗光讲："美术，是美术家以有形的形相，表达自心的意象，引起美感。美术是美术家的作品，是人的作品，具有理性的根基。"②"美术"在他看来是作为理性存在者的艺术家有意识的、有目的创作。"美术家创作美术，表现自

---

① 罗光：《生命哲学订定版》，载《罗光全书》（册二），台湾学生书局1996年版，第161页。
② 罗光：《生命哲学的美学》，台湾学生书局1999年版，第25页。

己生命的发达；生命的发达在一种特殊的情景中，表露一种特殊的意义。每一件美术品，只属于美术家自己一个人，只表露美术家本人的心灵。欣享美术品的人，直觉体验到美术家的心灵，心有同感，感到兴趣。"① 由此心灵同感和兴趣，然后产生艺术欣赏的美感。

艺术是艺术家根据自身内心的生命感受和意境创造出来的。它本身是美的一种人为的形式表达："美术家资用物质资料，表达出心灵的意境，以创造一种美术品。"② 这种表达往往离不开物质材料，但就其本质来说艺术是人的精神之美。所以罗光讲："艺术美虽用形式表达，所表达的美，属于精神，不属于物质。"③ 艺术表达精神生命之美，它不止于表现，更在于传达这种精神生命之美。因为艺术作为一种文化形式，它本身具有社会性，因此其"要务性不仅在'表现'而尤其在'传达'"④。而表现、传达这种精神之美，需要两种艺术主体要素："物质性的技术"和"心灵的生动"。在罗光看来，"美术"也

① 罗光：《生命哲学的美学》，台湾学生书局 1999 年版，第 25 页。
② 罗光：《生命哲学的美学》，台湾学生书局 1999 年版，第 31 页。
③ 罗光：《生命哲学订定版》，载《罗光全书》（册二），台湾学生书局 1996 年版，第 163 页。
④ 罗光：《生命哲学的美学》，台湾学生书局 1999 年版，第 12 页。

是一种术，即所谓"造美之术"。① 艺术创造离不开特定的物质技术手段。但美术之美，多数时候并不是指技术本身之美，而是指技术成果即美术作品之美。美术品之美固然依赖艺术家特定的美术技艺，但其更多来自艺术家赋予作品的内在精神气质，即生命之灵动。

生命的灵动，是艺术家内在情感与生命境界的表现与传递。"美术家创造美术时是用他生命的一时特殊感触。这种感触不单是情感的感触，而是整个的心灵，是在心灵的深处。"② 而表现、传达这种内心深处的生命感触，构成美的形相并引起欣赏者的兴趣，除了需要艺术家高超的表达技艺，更需要灵感，即对于宇宙生命的特殊感触能力——这可统称为天才。

天才，顾名思义，乃为天赋之才情。按罗光的分析，天才之所以区别于普通才能，至少有以下几点突出特征：一是技巧灵妙；二是布局完整平衡；三是情真意切；四是气韵生动；五是自然天成。③ 灵感也属于天赋才情——这"是美术家的一种事物或意念符合生命的特殊发展，心灵敏捷地引起互应，进而展

①　罗光：《士林哲学：实践篇》，台湾学生书局 1981 年版，第 358 页。
②　罗光：《生命哲学的美学》，台湾学生书局 1999 年版，第 27 页。
③　罗光：《生命哲学的美学》，台湾学生书局 1999 年版，第 29 页。

现美丽的意境"①。这种对于艺术和美的敏感是先天性的，是美术家天生的特质，但对于具体的艺术创作而言，灵感有其偶然性或顿悟性。这样的灵感才情成为真正艺术创造美的源泉。艺术灵感的偶然性背后是具体生命感触的个性差异，这种差异性赋予每一件艺术品独特的创新价值。所以艺术品容易复制，但这种精神生命价值却无法复制。这就是为什么在艺术鉴赏领域，赝品或复制品永远无法替代原作的原因所在。

对于艺术来讲，"美的创作当然是精神生命的创新，精神生命将自己的美表达出来，给予人高深的美感。艺术作家的创作，表达自己美，美或是自己本体的，或是自己所想象的"②。而这种创新的能力，总与艺术家注入感情的深厚层次有关。一往而深之情深意切者，其艺术精神生命的表现尤为沉郁浓烈。因为万物生命相通相感，所以艺术强烈生命情感的表现一般都能激起欣赏者情感的回应。艺术不能脱离生命情感的反应。正如罗光评论西方各现代主义美术流派（如表现主义、立体主义、未来主义、超现实主义、抽象主义等）时讲，这些艺术"把美

---

① 罗光：《生命哲学的美学》，台湾学生书局 1999 年版，第 28 页。

② 罗光：《生命哲学订定版》，载《罗光全书》（册二），台湾学生书局 1996 年版，第 164 页。

术由形式表现转入观念表现，由感官兴趣转入理智的领悟，但是仍旧不能除去感情的反应；因为美术没有感情反应，已经不是美术而是哲学"①。

艺术活动中的情感，无论是作品中包含的艺术家的情感，还是接受过程中包含的欣赏者的情感，本质都是生命的表现。"因为本质是生命，引起的情感则属于生命的活动。"② 所以，生命美学的艺术论特别强调生命的灵动气息，视之为艺术的本质特征：

> 美是动的不能是静止的。静止的表现，一览无遗，不足使情感满足。本体的存在既是生命，生命常自动不息，感情也常是动的，感情所要求的美，也应是动的，美术的作品虽常是静的，但在静中常表现动的意境，所以静中有动。完全死静的物品，不能成为美术品。③

因而哪怕是静态欣赏的造型艺术（绘画、雕塑、摄影）和

① 罗光：《生命哲学续编》，载《罗光全书》（册二），台湾学生书局 1996 年版，第 135 页。
② 罗光：《生命哲学的美学》，台湾学生书局 1999 年版，第 26 页。
③ 罗光：《生命哲学的美学》，台湾学生书局 1999 年版，第 4—5 页。

文字艺术（小说、诗歌、散文），也都要把气运灵动作为内在标准，讲究静中有动，动中有静，动静相生，气质变化。这是艺术美生命的本质力量的展现。"美术为人生命充实发展的表现，必定要有气运；气运流通，美术便生动；气运壮盛，美术便雄壮。"[①] 因此，在生命美学看来，气韵生动是艺术形式美与精神美的首要原则。

气韵生动，是艺术品生命充实的自然流露。艺术家之生命力量充沛，则艺术品之表达形式如行云流水，自然畅通，生意昂然。若艺术品能达到这一点，在罗光看来，即便没有欣赏者，其因为表现了生命灵动之美，也不失为美的艺术。只要艺术能够显露这种周流万物的生生不息的力量，就可以称为美。艺术品越是能够表现这种生命的充实，生气越高，艺术审美价值就越高。所以，气韵生动是艺术的灵魂。

六、结语

罗光生命美学不仅是台湾新士林哲学美学转向的重要基

---

① 罗光：《生命哲学的美学》，台湾学生书局 1999 年版，第 62 页。

石，也是中国美学主体性重塑不可多得的思想资源。中国传统美学，其本体是生命美学，生命美学又必须有生命哲学这个牢固根基才能建体立极、开枝散叶。在新儒家方东美的"生生美学"之外，罗光的"生命哲学的美学"是唯一能够将美学真正建立在生命哲学的形而上学体系之上的一派学说。罗光以天主创世说融合易学宇宙论，抓住中西方哲学中生命与仁爱的根本精神，建立生命哲学的体系，并进一步会通士林美学与儒家美学，创构出台湾新士林哲学的生命美学学说。

在这个体系中，存有即生命，生命的本质在于运动，万物存在都是生命的运动。按照中国传统哲学的观点，宇宙万物的化生与变易是阴阳二气刚柔并济、相互推引产生的结果，这种宇宙大化流行的创生力乃生命运动的本质。宇宙是一个生命整体，万物都浸润在这一整体生命洪流之中，各种实体存在的本体也都是生命。人是心物合一的生命，虽与万物共享生命的恩泽，为宇宙之一部分，但却因为拥有源自造物终极实体的精神生命而为万物灵长。人的灵性生命，源自天地造化之理，为宇宙生命在万物中最精美的体现，故其能够尽心尽性，参天地，赞化育，"原天地之美而达万物之理"（《庄子·知北游》），追求真善美的本体价值而成全自我的生命，提升生命的境界。所以，爱美是精神生命的本质。人的精神尤其是情感对美有特别的欲求。

在生命美学中，美的本体是生命，宇宙万物皆享有生命，万物皆为美，故美是宇宙实体的特性，实体充实而有光辉便称为美。因此，美不是一种纯粹主观的愉悦，美是客观实有的。但美感是绝对主观的，美感源自精神主体具体的审美活动，是一种无目的的情感的愉悦体验。美只能在情感上引起美感反应，只能靠情感去直接感受。从生命哲学看，美是生命的充实发展，美感就是一种生命的直觉体验。因为共享同一创生力，宇宙实体生命相通、互感互应。人的生命之气也因此与万物之气感应相通。当人与一个相应层次的实体相遇，这个实体的生命表现为充实而有光辉的形相美，无论其为物质的还是观念，人的精神生命就会与其生命之美产生感应，从而心灵获得满足的愉悦。因此可见，美感的本质是生命之美的共鸣，是生命与生命、美与美的交融，是主客不二、物我圆融。美感中包含着趋向无限之精神自由。所以，美感可以充实人生，提升生命的境界。

因为美在生命，因此无论自然美还是艺术美都是"活的"，都以生气充盈为美学的标准。艺术是具有充实精神生命之个体追求生命本质的一种特殊表达方式。所以艺术表达传递精神之美，离不开才情与灵感，即对宇宙生命的特殊感触能力与表达能力。艺术的审美价值正是基于这种精神生命的观念和形式创新。艺术不能脱离生命情感的反应。因为万物生命相通相感，所以艺术强烈生命情感的表现一般都能激起欣赏者情感的回应。艺术活动中的情感，本质都是生命的表现。艺术表达的价值目标，在生命美学看来就是气韵生动。"美术中的'气韵生动'，即是表示'美'是生命的充实发展。"① 气韵生动，是艺术品生命充实的自然流露，因此是艺术创造与审美鉴赏的首要原则。

罗光的生命美学学说，虽然没有一般美学专家那种大部头专论，但通过《生命哲学的美学》这本薄薄的专著及在《士林哲学》《生命哲学续编》《形上生命哲学》等书中的专章论述，基本上已经搭建出一个完整的体系框架。更重要的是，他的生命美学有一个坚实的生命哲学基础，这是一般生命美学论述罕能企及的。大陆的生命美学专家，往往都是以美学论生命，而他是以生命论美学，根基是不一样的。罗光的新士林哲学之生

---

① 罗光：《生命哲学的美学》，台湾学生书局 1999 年版，第 41 页。

命美学代表着中国美学话语体系重建极为重要的一条精神脉络。当今美学界接续中国传统美学的统绪，铸造所谓美学的中国学派，罗光所奠定的生命美学的体系基础不容忽视。

第三章　两种生命美学的比较

　　二十世纪中国生命美学花开数朵，然而真正能够做到鉴照洞明、平理若衡并开阶立极的学说屈指可数，方东美新儒家生命美学与罗光新士林生命美学是其中的代表。此两家学说，皆立足儒家《周易》所奠基的生命哲学传统，博采众家之长而会通中西，建立起生命本体论，并在此基础上展开各自的美学论述，终而成就汉语生命美学的现代体系创构。

　　当代美学界构建中国话语或中国学派，源远流长、根基深厚的生命美学是不二之选。二十世纪方东美的新儒家生命美学与罗光的新士林生命美学两家学说，背靠传统、继往开来，将生命美学的体系创新建基于生命哲学的创构，是美学中国化理论探索的典型示范。比较两家生命美学思想，可以明辨其哲学基础与理论进路，从而为美学中国学派的建构提供借鉴。

一、中西会通的哲学背景

纵观中国生命美学的历史，尽管美学家们都倾向于将生命美学诠释为中国传统美学固有的本质，但实际上中国现代的生命美学都是在中西美学思想交互作用下产生的。这一点，从王国维到方东美、宗白华、朱光潜、罗光诸人，无有例外。

方东美和罗光都有中国哲学尤其是儒学的深厚背景，其生命哲学系统都以中国古代生命哲学为主体，但也都走中西会通的道路建构各自的生命哲学。二人都有一个从西学转向中学的学思历程。方东美早年研究实用主义、黑格尔哲学、英美新实在论等哲学思想，并广泛涉猎西方哲学史各家学说，但对其思想影响最为深远的还是伯格森的生命哲学和怀特海的机体主义。罗光虽然是哲学、法学、神学三科博士，博学通达，但其长期受教、任教于教会大学，并为天主教高阶教士，他的西方哲学根基则主要在天主教神哲学，尤其是士林哲学（Scholastic Philosophy）。所以方东美生命哲学的西学来源主要是尼采、狄尔泰、伯格森、怀特海等人的现代生命哲学，而罗光书中虽然涉及伯格森、怀特海诸人，也承认其直觉说受意大利哲学家克罗齐影响，体验说受德国新康德主义哲学家狄尔泰和现象学宗师胡塞尔的启发①，但从根本上讲，其西方思想资源主要来自中世纪士林哲学②。罗光自己也讲："宇宙万物都是动的，没有静止的，这是中国传统哲学的主要思想，西洋当代哲学也有这种思想，如伯格森的哲学和怀特海的思想。士林哲学主张有生物是自动的物体，无生物则不动；但是生命是自动，乃是士林哲学的一贯主张。"③ 正是在这样的认识基础上，罗光将中国哲学与士林哲学熔为一炉，构筑了自己的生命哲学体系。

方东美与罗光生命哲学的国学渊源相仿，皆是从《易经》讲起，以儒家生命哲学为宗，广纳百家，然而西方思想来源却各有侧重。方东美主要是以伯格森、怀特海的生命哲学的创进

---

① 罗光：《生命哲学的美学》，台湾学生书局 1999 年版，第 16—18、10—12 页。

② 方东美的比较哲学研究，于外国哲学（主要是西方哲学和印度哲学）涉猎甚广，然而独于中世纪基督教哲学有所忽略，原因一方面固然是他认为儒家性善论与基督教原罪说扞格不入，因此不愿将其纳入比较视野，免得徒增枝蔓；另一方面则是他轻视中世纪基督教哲学，将其简化为亚里士多德哲学的神学翻版，从而有意忽视。罗光则恰恰相反，把方东美所忽略的中世纪天主教哲学与儒家哲学会通，从而成就另一种汉语生命哲学模式。

③ 罗光：《生命哲学再续编》，台湾学生书局 1994 年版，第 104 页。

思想解释《易经》之"易",罗光则主要以士林哲学的变易思想解释《易经》之"易"。这在某种程度上不可避免地影响了其生命本体论的差异。

方东美是一个极博雅并堪称集大成者的哲学家,刘述先称其"学问博极古今,兴趣流注到中外各家各派的哲学","再加上丰富的文学才情,思绪如天马行空"[1],沈清松则评价"其所树立的融合体系,堪为后学典范"[2]。尽管方东美"亦儒、亦道、亦佛、亦西洋,但也同时非儒、非道、非佛、非西洋","就一个集大成而创造者,要尝试以传统的分类方式来框框是甚为困难甚至是不可能的"[3],但就哲学系统相而言,有一点却是不容置疑的,那就是生命概念是贯穿其整个学思生涯的哲学宗骨。正如沈清松所见,方东美立"生命"为其哲学体系的核心,是贯通伯格森、怀特海生命哲学与周易"生生"哲学的结果。

方东美早年服膺西方现代生命哲学,学生时代的多篇论文

[1] 刘述先:《方东美先生哲学思想概述》,载景海峰编:《儒家思想与现代化——刘述先新儒学论著辑要》,中国广播电视出版社1992年版,第313页。
[2] 沈清松、李杜、蔡仁厚:《冯友兰·方东美·唐君毅·牟宗三》,载中华文化复兴运动总会、王寿南主编:《中国历代思想家》(二十五),台湾商务印书馆1999年版,第55页。
[3] 杨士毅:《一代哲人——方东美先生》,载朱传誉主编:《方东美传记资料》(第1辑),台北天一出版社1985年版,第30页。

都是围绕伯格森等西方哲学家的生命哲学展开的。因此他的生命哲学最初是由西方现代生命哲学启发出来的。但是后来他的生命哲学根基却主要植根于中国的儒释道传统，正是在汉语传统思想的根基上他孕育出了自己的生命哲学。从 1931 年发表《生命情调与美感》一文开始，其生命哲学思想便逐渐成型。嗣后经过数十年深耕，随着《生命悲剧之二重奏》《科学哲学与人生》《哲学三慧》《中国人的人生观》《中国哲学之精神及其发展》等著作的问世，其生命哲学体系最终挺立起来。当然，在方东美的研究计划中，还有一部生命哲学著作，即《生命理想与文化类型：比较生命哲学导论》。这部书应该是方东美晚年想要构筑一部总结性的巨著，其格局之大，从其遗稿纲目中即可见一斑，如果这部书能够最终写成，当超越现在所见之方东美生命哲学的体系规模。① 然而可惜大哲早归道山，以致宏愿未了，我等后学亦无从得见其比较文化视域中生命哲学的博大体系。

罗光以天主教士林哲学会通儒家哲学建构生命美学，从二十世纪七八十年代开始陆续出版《儒家哲学的体系》《人生

① 方东美：《附录六　生命理想与文化类型：比较生命哲学导论——纲目》，载《中国哲学精神及其发展》（下），孙智燊译，中华书局 2012 年版，第 515—521 页。

哲学》《生命哲学》《中国哲学的精神》《形上生命哲学纲要》《生命哲学的美学》等著作，学术理路自成一格。

平心而论，罗光的生命哲学其实深受方东美影响。罗光的生命哲学建构，是其从罗马回到中国台湾十余年后才真正展开的。罗光回国前尽管已在罗马传信大学教授中国哲学二十余年，并出版有《儒家思想概要》（1945 年）、《中国哲学大纲》（上下册，1952 年）、《儒家形上学》（1955 年）、《中国宗教思想史大纲》（1957 年）等中西文著作，但那时他主要还是以西方士林哲学的方法分析中国哲学，对中国哲学生命精神的体悟与认知，远没有晚年深刻。甚至可以说，当时他对生命哲学根本没有特别的重视。① 而二十世纪六七十年代，正是港台新儒家声

---

① 罗光哲学大致可以二十世纪六十年代作为分界线。这十余年他甫回台湾，忙于教务，著述甚少，属于学术思想调整期，之前是作为学术思想准备的士林哲学时期，之后是学术思想渐趋成熟稳定的中国哲学或曰台湾新士林哲学时期。对于这两个时期我们可以笼统地称之为早期和晚期。今天我们看到的罗光早期著作中关于生命哲学的论述——如"从《诗》、《书》开始中国生命的哲学，《易经》予以形上的哲学基础，历代儒者予以发挥，成为儒家思想的脉络，上下连贯，从古到今。道家佛家也在生命的哲学上和儒家相通，生命乃是中国哲学的精神"。"中国哲学将来的展望，便在生命之仁的哲学上往前走。"[参见罗光：《中国哲学大纲》，载《罗光全书》（册五），台湾学生书局 1996 年版，第 11 页。] 几乎无一例外都是罗光在 20 世纪 80 年代后的修订版中所加。其早期著作如《实践哲学》（上下册，1960 年）讨论艺术美学，也基本还是士林哲学中托马斯神学美学的观点，看不到任何生命美学思想的系统论述。

名日隆的时代，也正是从这个时期开始，罗光才重新全身心投入中国哲学的系统研究，陆续撰写出版了《中国哲学思想史》（九册）、《中国哲学的精神》、《儒家形上学》（修订本）、《儒家的生命哲学》等十余种中国哲学著作。现代新儒家如熊十力、梁漱溟、方东美、唐君毅、牟宗三诸宗师的学说他都耳熟能详，其对方东美的生命哲学尤其服膺推崇。罗光曾称方东美是"民国时期里最有哲学思想的学人"，"他领悟了中国哲学的精神，提出几千年传统的精华，以生命思想做中国哲学的主流，'一以贯之'。在他的理想中，宇宙是一个生活而谐的宇宙，人与宇宙相连，升到天人合一的境界，构成高度的精神生活"[1]。1973 年方东美从台大荣休后，旋即受邀于辅仁大学讲授中国哲学。方东美病故之前，与罗光共事有年，其后才见罗光系统地阐述其生命哲学思想。罗光在《生命哲学》《儒家生命哲学》等著作中多次提及方东美的学说。从他的《中国哲学思想史》民国卷"方东美"一章内容可知，他对方东美的哲学思想体系是极其熟悉的。在其晚年的《生命哲学订定版》序言中，罗光更直言不讳地讲，他与方东美的生命哲学是使用同一路线解释

---

① 罗光：《方东美的哲学思想》，载国际方东美哲学研讨会执行委员会主编：《方东美先生的哲学》，台北幼狮文化事业公司 1989 年版，第 306 页。

中国哲学。[①]

二、生命的本体地位

从二十世纪三十年代开始，方东美便展开了其生命哲学体系的本体论建构。他将生命本体的论述建立在由《周易》"生生之谓易"所肇端的哲学传统基础之上。他认为："生生之易纯为天之本体，道之大原，亦即是人之准则，故不能不以至德之善配其广大。"[②]

诚如罗光所讲："以《易经》为基础的哲学，一定是生命哲学；因为《易经》讲宇宙的变易，宇宙的变易就是生化……方东美的哲学是以《易经》为中心，生命的思想也就成为他的哲学之中心思想。"[③] 立足于对《易经》"生生之德"本体地位的洞察，方东美对中国哲学的深刻体认都集中在"生命"这个概念上。他讲：

---

① 罗光：《生命哲学订定版》，载《罗光全书》（册二），台湾学生书局 1996 年版，第 XI 页。

② 方东美：《中国人生哲学》，中华书局 2012 年版，第 44 页。

③ 罗光：《方东美的哲学思想》，载国际方东美哲学研讨会执行委员会主编：《方东美先生的哲学》，台北幼狮文化事业公司 1989 年版，第 295 页。

因此中国的哲学从春秋时代便集中在一个以生命为中心的哲学上，是一套生命哲学，这生命不仅是动植物和人类所有，甚至于在中国人的幻想中不会承认有死的物质的机械秩序。所谓的原初存在乃是生命的存在。如果用抽象法将生命中高级的宗教道德艺术精神化除的话，所余只是一个赤裸裸的物质存在而已。因此从中国人看来，希腊哲学的发展，是一个抽象法的结果，而中国向来是从人的生命来体验物的生命，再体验整个宇宙的生命。则中国的本体论是一个以生命为中心的本体论，把一切集中在生命上，而生命的活动依据道德的理想，艺术的理想，价值的理想，持以完成在生命创造活动中，因此《周易》的系辞大传中，不仅仅形成一个本体论系统，而更形成以价值为中心的本体论系统。①

方东美的生命哲学因为以《易经》生命宇宙论为基础，引入普遍生命的概念。普遍生命，被视为是宇宙客观存在的终极

---

① 　方东美:《原始儒家道家哲学》，台北黎明文化事业公司 1983 年版，第 158—159 页。

实体，一切万有皆建立于其上，为"天之本体""道之大原"。所以他讲：

> 就体言，宇宙普遍生命乃一活动创造之实体，显乎空间，澈该弥贯，发用显体，奋其无限创造宏力之伟大动量，气势磅礴，大运斡旋，克服空间一切限制。性体本身，似静实动。就用言，生命大用外腓，行健不已，奋乎时间，而鼓之动之，推移转进，蕲向无穷。于刚健创进，欲以见其动；于柔绵持续，欲以见其静。①

普遍生命这一植根于中国哲学传统的概念，克服了现代西方生命哲学主体生命概念的局限。伯格森、怀特海诸人的生命哲学深受康德以降的西方现代主体性哲学转向影响，将生命的本体侧重于主体情感体验，陷于人类中心主义的物质与精神、情与理的隔绝对立模式（"分离主义"）。方东美回归中国哲学的传统，从宇宙论的角度来构筑其生命本体论，则明显能够情理兼备，实现心物不二、天人合一，以内在的超越企及广大和

① 方东美：《中国哲学精神及其发展》（上），孙智燊译，中华书局 2012 年版，第 108 页。

谐之哲学境界。在他看来，"生命大化流行，万物一切，含自然与人，为一大生广生之创造宏力所弥漫贯注，赋予生命，而一以贯之"①。"宇宙之至善纯美挟普遍生命以周行，旁通统贯于各个人；个人之良心仁性顺积极精神而创造，流溢扩充于全宇宙。宇宙之与人生虽是神化多方，终觉协和一致。"②

所以，不同于西方的"宇宙无生论"，即把宇宙视为一个"物质的机械系统"，方东美认为中国先哲所观照的宇宙是一个大生机，是"广大悉备的生命领域"，无时无刻不在流动贯通，无时无刻不在发育创造。"在这种宇宙里面，我们可以发现旁通统贯的生命，它的意义是精神的，它的价值是向善的，惟其是精神的，所以生命本身自有创造才能，不致为他力所胁迫而沉沦，惟其是向善的，所以生命前途自有远大希望，不致为魔障所锢弊而陷溺。"③ 所以他的宇宙观是"万物有生论"，他相信"世界上没有一件东西真正是死的，一切现象里边都藏着生命"④。宇宙万物都是普遍生命流行的产物，其中有生命内在贯

① 方东美：《中国哲学精神及其发展》（上），孙智燊译，中华书局 2012 年版，第 67 页。
② 方东美：《中国人生哲学》，中华书局 2012 年版，第 67 页。
③ 方东美：《中国人生哲学》，中华书局 2012 年版，第 43 页。
④ 方东美：《中国人生哲学》，中华书局 2012 年版，第 18 页。

通。所以在怀特海有机哲学的影响下，他又称其生命哲学为"机体主义"（Organism）。

罗光的生命哲学虽然受到方东美及其他新儒家宗师相关论说的影响，中国思想的渊源相同，但其生命哲学进路却与新儒家诸宗师大相径庭。他的生命本体论烙印有深深的中世纪士林哲学的影响。

罗光完全认同方东美、梁漱溟、唐君毅、牟宗三等人将生命范畴看作中国哲学传统的中枢。[①] 他认为，儒家从先秦时代的《尚书》《易经》到宋明理学，在形上本体论方面，都是以"生生"贯穿全部思想，在伦理实践论方面，以"仁"贯穿全部思想。仁与生息息相通，因此儒家思想本质是生命哲学。生命的精神不仅贯通儒家，也贯通道家，甚至整个中国哲学都以生命精神维系。离开生命，中国哲学大厦的基石即被抽空了。

罗光认为，中国哲学的共通方向是人生哲学，而人生哲学的基础就是形上的生命哲学。所以，若要为中国哲学寻找一个共同的形而上学基础，那就是形上的生命哲学。至此，罗光与方东美生命哲学的进路似乎并无二致。他们都认为生命哲学是

---

① 罗光：《生命哲学再续编》，台湾学生书局 1994 年版，第 102 页。

中国哲学传统的核心，而且都以《易经》"生生之德"为宗，侧重儒家生命哲学思想的梳理。

罗光宣称自己的生命哲学追随儒家哲学的传统，"不是以哲学讲生命，而是以生命讲哲学"[①]。他认为"以哲学讲生命"就是从形下的层面去探讨生命的意义，如人生哲学即是以此种进路讲生命，而"以生命讲哲学"则是一种形而上学，即从形上的层面探讨生命哲学的体系建构。其实新儒家方东美何尝不如是，他们的生命哲学都是以生命在讲哲学，都是以生命的形而上学为基础的。对于生命的理解，罗光与方东美也有类似之处。罗光认为，《易经》所讲的"生生"就是生命，但中国哲学没讲清楚生命是什么，所以他的贡献在于说明了生命是内在的"由能到成"（潜能到实现），是物体之内持续不断的变易。[②]这个生命不只限于人的生物学意义的生命，而主要是指心灵生命或精神生命。精神生命向外扩展，扩展到绝对的真善美，就与宇宙绝对而永恒的生命融为一体。"宇宙为一个实体，宇宙的生命是一个。宇宙万物的生命合成宇宙的生命。宇宙万物的

[①] 罗光：《生命哲学订定版》，载《罗光全书》（册二），台湾学生书局1996年版，第 XIV 页。

[②] 罗光：《生命哲学订定版》，载《罗光全书》（册二），台湾学生书局1996年版，第 IV 页。

生命乃彼此相通。宇宙间没有单独生活的物体，物体的生命都是彼此相连。"① 可见，罗光与方东美一样，都承认宇宙中存在的一个绝对永恒的客观生命，将人的生命包纳在内。"宇宙变易以化生万物，万物继续变易以求本体的成全，整个宇宙形成活动的生命，长流不息。"② 万物都分享这一生命源泉，"所以说万物都是活动的，万物都有生命"③。宇宙万物彼此生命相通，人的生命也因此贯通到宇宙万物之中。

只不过，罗光所谓宇宙生命的终极来源是造物主的生命。这一点与方东美有所差异（后详）。差异的根本原因在于罗光的生命哲学是儒家生命哲学与士林哲学的融合产物。他讲："我用儒家的'生命'作根基，融合士林哲学，建立了我的形上生命哲学。"④ 所以，他所谓的生命都来自神的生命创造。这样他就与一般儒家不同，他并不强调主体生命的内在超越，而强调主体生命对神圣生命的响应与回归。他说："士林哲学与

---

① 罗光：《生命哲学再续编》，台湾学生书局 1994 年版，第 100 页。

② 罗光：《生命哲学订定版》，载《罗光全书》（册二），台湾学生书局 1996 年版，第 14 页。

③ 罗光：《生命哲学再续编》，台湾学生书局 1994 年版，第 2 页。

④ 罗光：《罗光全书序》，载《罗光全书》（册一），台湾学生书局 1996 年版，第 III 页。

天主教的神学相连，指定'我的生命'的超越目标，在于分享基督的神性生命，由本性生命迈向超性生命。"①

正因为罗光的生命哲学是士林哲学与儒家哲学的会通，所以他引入了大量西方传统形而上学的概念，如"有"（存有）、"在"（存在）、"性"（本质）、"动"（变化）、"能"（潜能）、"成"（实现）等，这与方东美的生命哲学形成概念系统上的鲜明对比。

罗光比较中西形而上学的差异，得出结论：

> 西洋哲学以"有"为形上学的研究对象，以形上学为各部哲学的基础。"有"是由静的方面去研究万有，由"有"而到"性"，而到"存在"，而到"个性"。中国哲学以"有"为生生之动，以每一"存在"都是"动"，"动"即是"生"，由"生"而研究"性"。②

在罗光看来，西方形而上学的存有（being）概念，是本质（nature）与存在（existence）的结合，哲学家（除了亚里

---

① 罗光：《生命哲学订定版》，载《罗光全书》（册二），台湾学生书局1996年版，第XI页。

② 罗光：《儒家哲学的体系》，载《罗光全书》（册十七），台湾学生书局1996年版，第188页。

士多德和阿奎那）一般都静态抽象地讲存有是存在的本体，将存有与存在割裂开来，于是对于存有只能静态地从空洞的性质上去界定。方东美也讲："西方哲学家论及'存有'，每每视之为眼前现存的事物，若有一物非如此，则易沦入虚无，而虚无恒为恐惧的征兆，这种形上学取向容易造成静态的本体论。"①罗光认为这种形而上学不能彰显宇宙创化和人的生命之能动精神，对存有的诠释也流于空洞抽象。因此他理想的生命哲学不是从抽象到具体的西方形而上学进路，而是从具体到抽象、体用合一的儒家哲学路径。

罗光从《易经》宇宙创化论出发去推导存有与生命的形而上学关系，认为万有为"生"，"生"是动，万有便都是动；万有是动，是从"在"层面讲的，每个"有"都是"在"，每个"在"都是"动"，每个"动"都是"生命"，每个"有"都是"生命"。因此他所讲的存有，不是西方哲学那种一成不变的超绝的本体，而是运动的、生生不息的生命本体。他讲："中国哲学则以'有'为生。物体从本体方面去看是'有'，万物称为万有，从实际方面去看是'存在'，从存在的内容方面去看

---

① 方东美：《从宗教、哲学与哲学人性论看"人的疏离"》，载《生生之德：哲学论文集》，中华书局 2013 年版，第 283 页。

是生命，生命即是生化，即是行。"①"'行的哲学'，就是生命哲学，而且是人的精神生命之哲学。"②

三、生命与终极实体

"惟初太始，道立于一，造分天地，化成万物。"③ 方东美认为，中国先哲体认的宇宙，是普遍生命流行的境界。"天大其生，万物资始，地广其生，万物咸亨，合天地生生之大德，遂成宇宙，其中生气盎然充满，旁通统贯，毫无窒碍。"④ 宇宙是普遍生命的变化流行，宇宙生命贯注万物，万物因此皆有生命，所有的生命都在大化流行中变迁运转、生生不息，体现造物主的创造性，趋向生命至善纯美的境界。相对于个体生命，宇宙生命代表的是一种神秘莫测的、无限永恒的世界。可见，方东美在其世界观中保留了宗教的境界。

---

① 罗光：《中国哲学的展望》，载《罗光全书》（册十六），台湾学生书局 1996 年版，第 34 页。
② 罗光：《中国哲学的展望》，载《罗光全书》（册十六），台湾学生书局 1996 年版，第 38 页。
③ （汉）许慎撰，（清）段玉裁注：《说文解字注》，上海古籍出版社 1982 年版，第 1 页。
④ 方东美：《中国人生哲学》，中华书局 2012 年版，第 39 页。

宇宙大化流行的本体是普遍生命，普遍生命又源自天道、天命或天志。儒家讲天命，道家讲道本，墨家讲天志，在方东美看来，"是因为天命、道本和天志都是生命之源。"① 所以，普遍生命是宇宙之终极实体的生命。方东美在他的生命哲学体系中承认宇宙终极实体的存在，即意味着其生命哲学保留了儒家传统中宗教的超越维度。

方东美的终极关怀基于他对宇宙生命的深刻体悟："神为原始之大有，挟其生生不息的创化力，沛然充满一切万有，于穆不已，宇宙六合之内因神圣的潜能，布濩了创化的历程。"② 方东美这里所谓的"神"，即天，即帝，即天命、天道、天理，就像二程所讲的："天者，理也；神者，妙万物而为言者也。帝者，以主宰事而名。"（《程氏遗书》卷十一）"在天为命，在义为理，在人为性，主于身为心，其实一也。"（《程氏遗书》卷十八）③ 所以方东美的生命哲学的宗教维度包含着有神论的因

---

① 方东美：《中国人生哲学》，中华书局 2012 年版，第 44 页。

② 方东美：《从宗教、哲学与哲学人性论看"人的疏离"》，载《生生之德：哲学论文集》，中华书局 2013 年版，第 280—281 页。

③ "这种创造的力量，自其崇高辉煌方面来看，是天；自其生养万物，为人所禀来看，是道；自其充满了生命，赋予万物以精神来看，是性，性即自然。"参见方东美：《从比较哲学旷观中国文化里的人与自然》，载《生生之德：哲学论文集》，中华书局 2013 年版，第 224—225 页。

素。不过他的"神"并不是犹太教、基督教或者西周昊天上帝信仰中那种位格性的终极实体，而是一种精神性的终极实体，它代表的是宇宙的原始创造力。他讲："由天道之原始创造力，配合地道之赓续顺成性普施于人，使人得兼天地大生广生之德，从而阐发弥贯宇宙的普遍生命之高贵与庄严。虽然各时代的儒家哲学亦曾尝试将大生之天与广生之地予以位格化，使之成为有情众生与一切庶物的神性父母，但是这原始的创造力仍是宇宙的而非位格性的。"① 这种精神性的终极实体以生命的形式贯透宇宙万物，因此方东美的宗教哲学是一种泛神论（Pantheism），即他所谓的"万物在神论"。

　　泛神论"肯定神明普遍照临世界，肯定圣灵寓居人心深处"②，正如方东美所讲，"从理性的立场来看，泛神论与哲学精神较为相契"③。由此可知他的宗教哲学远离神学而近于哲学。方东美他虽在其生命哲学中保留了宗教超越性的维度与终极关

---

① 方东美：《从宗教、哲学与哲学人性论看"人的疏离"》，载《生生之德：哲学论文集》，中华书局 2013 年版，第 287 页。

② 方东美：《从宗教、哲学与哲学人性论看"人的疏离"》，载《生生之德：哲学论文集》，中华书局 2013 年版，第 274 页。

③ 方东美：《从宗教、哲学与哲学人性论看"人的疏离"》，载《生生之德：哲学论文集》，中华书局 2013 年版，第 280 页。

怀，但其宗教观却深受儒家思孟学派和宋明理学人文化的形上天道观影响，是一种人文主义的宗教观。他讲："神明的本质虽然远超一切经验界的限度，但仍能以其既超越又内在的价值统会，包通万有、扶持众类，深透人与世界的化育之中，泛神论的神，实乃理性解说之哲学上的神。神明的理想虽非人间所有，却生机充盈于此世，且为人类生命之最高指引，人应以神明之化身作为生活准则。"①

方东美继承宋明理学以及现代新儒家对孔子宗教虔敬精神的人文化诠释，认为对宗教精神存有之终极关怀，代表着生命的圆满。而凡是具有完满人性之人，都应发自内心尊敬宇宙生命，使自己与天地合德、与大道同行、与兼爱同施，与万物合为一体，充实自己，同时丰富宇宙生命。如其所讲："他们共同追求的，正是要摄取宇宙的生命来充实自我的生命，更而推广其自我的生命活力，去增进宇宙的生命，在这样的生命之流中，宇宙与人生才能交相和谐、共同创进，然后直指无穷、止于至善！"②

---

① 方东美：《从宗教、哲学与哲学人性论看"人的疏离"》，载《生生之德：哲学论文集》，中华书局 2013 年版，第 280 页。

② 方东美：《中国人生哲学》，中华书局 2012 年版，第 172 页。

　　不同于方东美的生命本体论主要倚重中国哲学而融合现代西方生命哲学，罗光的生命本体论主要是儒家哲学与士林哲学的融合产物。士林哲学以天主教神学为基础，其一神论（Monotheism）的坚硬内核是不容消解溶蚀的。所以罗光的生命本体论无论如何融通儒学思想，其所讲的终极实体都是神学的、位格性的，而非儒家人文主义所宣扬的形上之理神。罗光最终只能顺应天主教的基本教义，"天主是绝对的完全生命，是绝对的真善美"①。

　　罗光相信，世界万物都是宇宙的最高神灵，即绝对自有实体所创造出来的。这种创造当然不是生命自然的化生，而是外在神力的创造。"创造主创造宇宙，不用自己本体的体质，不由自己本体变易，是用自己的神力，即创造力，创造力为创造主的神力，具有创造主的神能，从无中创造宇宙，所创造的宇宙，在自己本体以外，和自己的体质无关。"② 因此，罗光生命哲学中所讲的终极实体，是一个超越于万物的概念。生命的创造，自然是源于神圣力量的外在创造。绝对生命与万物生命之

① 罗光:《生命哲学订定版》，载《罗光全书》（册二），台湾学生书局 1996 年版，第 VIII 页。

② 罗光:《生命哲学订定版》，载《罗光全书》（册二），台湾学生书局 1996 年版，第 54—55 页。

间，并不存在一种平行或内在的体用一如的关系。超性生命与人性生命之间也不是方东美所讲的那种超越而内在的关系。

尽管为了会通儒耶，罗光反复强调："士林哲学所讲人和神的关系，如同儒家哲学所讲人和天地的关系，都是以生生为基础，西洋哲学以神（天主、上帝）创造万物，中国哲学以天地化生万物"①。但实际上儒家的生命哲学与士林哲学的生命哲学，是两种不同的思维模式，一个是圆融思维——天人合一的路数，一个是分别思维——人神分隔的路数。② 对于这种哲学进路的差异，方东美早有"机体主义"与"分离主义"的论断。同时，尽管都是生命哲学的终极关怀，方东美侧重的是从人本主义的角度理解终极实体，而罗光侧重的是从神本主义的角度诠释终极实体，二者有不可逾越的鸿沟。罗光其实早注意到他与方东美在生命终极实体问题上的差异，不过他似乎一直不愿直接面对儒耶二教在此问题上的根本分歧。所以他总是强调二者的相通性，甚至将方东美对西方宗教的批判反思简单归结为其对基督宗教体验的浮浅：

---

① 罗光：《儒家生命哲学》，台湾学生书局 1995 年版，第 170 页。
② 张俊：《分别智与圆融智——关于哲学精神的类型学反思》，《南京大学学报》（哲学人文社科版）2012 年第 1 期。

方东美认为天主教的天主高高在上，只是美与
善的绝对象征，和宇宙万物相隔离，又以天主教把
善恶相对立，人生在善恶两元的冲突中，不能享有
和谐的情调，因此，他主张"泛神论"的思想，以
"神"在宇宙和人生以内，使人生升入神圣境界，究
其实，天主教的形上学本体论，以自有能使万有能
有的绝对实有，不能和宇宙万有平行，绝对实有者
的"创造力"，贯通宇宙一切，融汇宇宙万有，且基
督降凡，进入人性和人类历史，把神性生活与人性
生活相融合，就是方东美所主张的宇宙的精神主宰，
进入宇宙，支配一切，使平凡的自然世界，提升到
神圣的境界。方东美对西方宗教生活的体验，不如
他对佛教生活的体验。[①]

无视儒家形上化的天道观与天主教人格化的上帝观之间鸿
沟，以及中西思维方式的差异，在士林哲学与儒家哲学之间进
行会通创造，是存在过度诠释风险的，要么以偏概全，要么自

---

① 罗光：《中国哲学思想史（民国篇）》，载《罗光全书》（册十四），台湾学生书
　　局 1996 年版，第 265 页。

说自话，其实很难得到自洽而坚实的哲学基础。这不仅是罗光生命哲学的问题，也是整个台湾新士林哲学的软肋。

四、生命的动力

早在 1937 年的《哲学三慧》一文中，方东美便对中国哲学进行了系统的理论总结。他讲："中国人知生化之无已，体道相而不渝，统元德而一贯，兼爱利而同情，生广大而悉备，道玄妙以周行，元旁通而贞一，爱和顺以神明。"[1] 并因之将中国哲学归纳为六种原理："生之理""爱之理""化育之理""原始统会之理""中和之理""旁通之理"。[2] 在方东美眼里，中国哲学的特质甚至可以更扼要地概括为三点：生命本体、体用一如和人文主义。其中，"普遍生命创造不息的大化流行"在他这里无疑是中国哲学宇宙论的第一要义。[3]

---

[1]　方东美：《哲学三慧》，载《生生之德：哲学论文集》，中华书局 2013 年版，第 122 页。

[2]　《哲学三慧》是 1937 年方东美在南京召开的中国哲学会第三届年会上宣读的论文，此文可视为其一生哲学思想之纲领。相关观点在后来的《中国人的人生观》（1956 年）等著作中都有详尽的阐述。参见方东美：《中国人生哲学》，中华书局 2012 年版，第 123 页及以后。

[3]　方东美：《中国人生哲学》，中华书局 2012 年版，第 123 页。

　　"普遍生命"在方东美的生命哲学概念体系中是核心枢纽，他又从此概念中析出五义："育种成性""开物成务""创进不息""变化通几""绵延长存"。[①] 其中创进不息之义，意味着生命在创造中奔进，永远有新使命、新意义，"永远有充分的生机在期待我们，激发我们发扬创造精神，生命的意义因此越来越扩大，生命的价值，也就在这创造过程中，越来越增进了。"[②] 这种论调，显然是以往的中国哲学家闻所未闻的。众所周知，方东美的生命概念渊源于《易经》。《易经》所谓"生生之谓易，成象之谓干，效法之谓坤"(《系辞上》)、"天地之大德曰生"(《系辞下》)，"生"为化生、化育之义，"阴阳转易，以成化生"[③]，阴阳二气交感，化生万物，生生不绝之道即是易。诚如项退结所见，"生生"在中国历代注疏家眼中只有生生不息的意思，并没有进化论意义的"创化"与"创生"含义。[④]

---

① 　方东美：《哲学三慧》，载《生生之德：哲学论文集》，中华书局 2013 年版，第 122 页。

② 　方东美：《中国人生哲学》，中华书局 2012 年版，第 124 页。

③ 　(魏) 王弼、(晋) 韩康伯注，(唐) 孔颖达正义：《周易正义》，中国致公出版社 2009 年版，第 262 页。

④ 　项退结：《方东美先生的生命观及其未竟之业》，载国际方东美哲学研讨会执行委员会主编：《方东美先生的哲学》，台北幼狮文化事业公司 1989 年版，第 66 页。

所以方东美对《易经》"生生之谓易"的解释加入了自己的理解，属于"创造性解释"。而这种创造性解释显而易见受到伯格森的创造进化论（évolution créatrice）和怀特海的创进论（Creative Advancement）等西方现代哲学的影响。

在方东美的生命哲学中，生命是宇宙动力之源，即体即用。生命包容一切万物，并与天道交感互应，其为大化本体，创造力刚劲无比，绵延无穷；其为大用，驰骤奔进，运转不息。作为本体，生命显露静态的、柔性的一面；转为作用，生命则表现出动态的、刚性的一面。

生命化育是中国哲学宇宙论的精义，在方东美看来，生命是元体，化育是形相，乾坤分判，阴阳相济，生命大化流行的力量分别呈现为天地的创造力和化育力，二者一动一静，一阖一辟，相薄交会，浃化于万有生命之中。①

原创力与化育力，在方东美生命哲学中，是天与地、乾与坤、阳与阴、刚与柔、静与动的关系，当然更根本的是体与用的关系。这两种生命动力，表面上代表着生命力量的两个面向，但实际是一体两面，本质上即体即用，是一体浑化的，没

①　方东美：《中国人生哲学》，中华书局 2012 年版，第 123—127、198 页。

有高下、主次之区分。

　　罗光对于生命创造化育力量的理解与方东美相似的地方在于，他也区分了两种生命力量：创造力与创生力。然而不同于方东美对于创造力与化育力即体即用的理解，罗光的创造力与创生力尽管也是如影随形、不可分割的关系，但却是创造与受造的关系。他讲："创造力所造的宇宙是一个创生力，这个创生力是一个活动的宇宙。"[①] 在士林哲学的信仰观念下，宇宙乃为天主创造，所以创造力只能属于天主。然而因为神义论的缘故，天主创造力又不能包揽宇宙一切化生生物的责任，所以罗光引入《易经》"生生"观念，将受造的宇宙视为一种生命力量，即创生力。二者的关系正如罗光所讲："创造主以创造力创造了创生力，创生力与创造力相连，不能分割，若一旦分割，创生力立刻消失，整个宇宙万物也就消失，归于虚无。两者相连，不仅是工作的动力相连，而是在'存有'上相连，创生力的一切来自创造力。"[②] 正因为是创造与受造的关系，创造力与创生力处于不同层级上，故而不是即体即用的关系，而只能是

----

① 罗光：《生命哲学订定版》，载《罗光全书》（册二），台湾学生书局 1996 年版，第 55 页。

② 罗光：《生命哲学订定版》，载《罗光全书》（册二），台湾学生书局 1996 年版，第 46 页。

体与用的关系，或者源与流的关系。因此罗光把创造力与创生力比作电源与电流，电流使电灯发光，但没有了电源，电流也就不存在。

在罗光的士林生命哲学中，"一切实体的存在，都是动的存在，都是生命"①。生命，在罗光看来是实体内在之动，而宇宙万物皆有此动的内在力量。这种力量由弥漫天地间的阴阳二气相推变化而成。《易经·系辞上》曰："一阴一阳之谓道，继之者善也，成之者性也。"阴阳二气运转构成"本体内在之动"。这种"动"就是罗光所谓宇宙生命大化流行之创生力——宇宙活动变化、化生生物的根本动力因。所以罗光讲："创生力就是宇宙，开始时只一物体，逐渐变化，化生他种物体。物体的化生，不由别种物体进化而来，而由创生力的发动，使一种理和质相结合而成物。"②尽管创生力之上还有创造力这一本源，但创生力才是宇宙万物生化不息的动力源泉，生命大化流行之无限潜能都包含在内。

虽然方东美和罗光对于生命力量体用关系的理解不同，但

① 罗光：《生命哲学再续编》，台湾学生书局1994年版，第87页。
② 罗光：《生命哲学订定版》，载《罗光全书》（册二），台湾学生书局1996年版，第V页。

对于创生化育的生命精神的体悟，二人却殊途同归，都归结为宇宙大爱。

方东美讲："太始有爱，爱赞化育；太始有悟，悟生妙觉，是为中国智慧种子。"① 明显，方东美这里是以"爱"置换了《中庸》之"诚"②。"诚"与"爱"是天道大化的内外呈现，是宇宙生命精神的一体两面。生命精神外化，就是充满宇宙创化之"爱"或"仁"，此宇宙仁爱为人所承之，就是仁义内在。仁者爱人，旁及天地万物，并与万物感应互通，即可参天地赞化育。方东美在《哲学三慧》中如此阐述"爱之理"：

> 生之理，原本于爱，爱之情取象乎《易》。故易以道阴阳，建天地人物之情，以成其爱。爱者阴阳和会，继善成性之谓，所以合天地、摩刚柔、定人道、

---

① 方东美：《哲学三慧》，载《生生之德：哲学论文集》，中华书局 2013 年版，第 112 页。

② "唯天下至诚，为能尽其性；能尽其性，则能尽人之性；能尽人之性，则能尽物之性；能尽物之性，则可以赞天地之化育；可以赞天地之化育，则可以与天地参矣。"（《中庸》第二十二章）"诚者，天之道也；诚之者，人之道也。"（《中庸》第二十章）"诚者，非自成己而已也，所以成物也。成己，仁也；成物，知也；性之德也，合外内之道也。故时措之宜也。"（《中庸》第二十五章）

类物情、会典礼。①

天地大爱无疆，遍及万物，其源出于《易》阴阳交互相推之道，两极感应，从而建立万有之情，使宇宙大化流行，生生不息。宇宙大爱，表现为六相："阴阳交感""雌雄和会""男女媾精""日月贞明""天地交泰""乾坤定位"。②"天地和而万物生，阴阳接而变化起。"（《荀子·礼论》）"二气交感，化生万物。万物生生，而变化无穷焉。"（《太极图说》）③阴阳两极相感交泰是"爱"的基础，而"爱"又是生命创化、天人感通及万物秩序的基础。在方东美看来，宇宙中所有生命的完成，一切价值的实现，都得透过"爱"的精神。

"爱是世界的活动力，使世界的一切都能统一，都能有生命。"④罗光也讲这样的天地仁爱。在他眼里，宇宙大化之流乃是一个生命整体，万物俱浸润其中并感应互通。爱源自生命，

---

① 方东美：《哲学三慧》，载《生生之德：哲学论文集》，中华书局 2013 年版，第 122 页。
② 参见方东美：《中国人生哲学》，中华书局 2012 年版，第 125 页。
③ （宋）周敦颐：《周子全书》卷一，商务印书馆 1937 年版，第 14 页。
④ 罗光：《中国哲学的展望》，载《罗光全书》（册十六），台湾学生书局 1996 年版，第 474 页。

而生命价值的实现也离不开爱。生命的价值，是生命对生命的印证。生命之间的这种交感互通，是由爱的精神来实现的。罗光讲，宇宙万物相通，"好似一湖水，相互旋流，旋流的水就是仁爱"①。正因为天地间有仁爱存在，所以宇宙万物才彼此相通、彼此相依，人的生命才与他人和万物的生命相互联系。② 仁爱是生命的桥梁，也是生命价值的最终目标。宇宙的生命就是《易经》所讲的"生生"，生生企及完美，就是仁。所以罗光认为，仁爱就是宇宙生生不息精神的最高体现。因此，仁爱成为儒家所讲的心灵生命的内在目标，为一切道德之总纲。主体精神生命的仁爱之德，是与宇宙大爱内在相通的，因而透过仁爱精神的彰显，可以获得真善美的绝对价值，企及生命的巅峰，与造化同流。所以他讲："心灵的仁爱周游在宇宙万物以内，造成生命的旋律，激荡人类的生命向前创新，和造物主的神爱相融会，心灵生命进入无限的天渊，扩展到绝对的真善美，达到生命的顶点，在爱的圆融中，安详

① 罗光：《生命哲学订定版》，载《罗光全书》（册二），台湾学生书局1996年版，第 XI 页。
② 罗光：《生命哲学订定版》，载《罗光全书》（册二），台湾学生书局1996年版，第 192 页。

幸福。"①

对于宇宙大爱的论述，不同于方东美理解的形而上的抽象仁爱，罗光所讲的是位格性的神爱（agape）。在士林哲学的神学语境中，代表绝对的生命和绝对的真善美的，只能是人格化的天主，天主的仁爱才是绝对而无限的爱，人因为沐浴在神爱中才有内在的仁爱。"天主是绝对的完全生命，是绝对的真善美。我回到天主，因他的永恒生命，而使我的生命永远存在，因他的绝对真善美，我生命所追求的享受，乃能达到追求的目的。我的超越生命的完成是一种超越的圆融的爱；因为天主是爱，绝对生命的生命就是爱。"② 所以，人的仁爱在士林生命哲学中，通常被视为是对神爱的一种响应。这种对于永恒生命的积极响应，目标是融入超越的圆融之爱。因为只有这种神性的圆融之爱，才能感通万物，呈现万物之美。这就是罗光所谓的"爱的圆融观"。"'爱的圆融观'，不是神话，也不是童话，而是精神生命的旋律，以圆融的爱联系宇宙万物，神化宇宙万物，一切旋流着天主神性的爱。在

---

① 罗光：《生命哲学订定版》，载《罗光全书》（册二），台湾学生书局 1996 年版，第 XV 页。
② 罗光：《生命哲学订定版》，载《罗光全书》（册二），台湾学生书局 1996 年版，第 VIII 页。

圆融的爱里万物都是美。"①

五、生命与天地之美

天地万物之美，都源于生命，寄于生命。在方东美看来，宇宙万物之气韵生动、活意生香，都是生命力量创造奔进之结果。天地间有生命充盈，才有美的呈现。"宇宙假使没有丰富的生命充塞其间，则宇宙即将断灭，哪里还有美之可言。"②他讲：

> 天地之大美即在普遍生命之流行变化，创造不息。我们若要原天地之美，则直透之道，也就在协和宇宙，参赞化育，深体天人合一之道，相与浃而俱化，以显露同样的创造，宣泄同样的生香活意。换句话说，宇宙之美寄于生命，在于盎然生意与灿然活力，而生命之美形于创造，在于浩然生气与酣

---

① 罗光：《生命哲学订定版》，载《罗光全书》（册二），台湾学生书局1996年版，第358页。
② 方东美：《中国人生哲学》，中华书局2012年版，第197页。

然创意。①

宇宙大化流行，生生不息，创造不已，生命之美便自然充盈天地之间，展现出盎然的生机、生动的气韵。庄子讲"天地有大美而不言"，圣人"原天地之美而达万物之理。"方东美认为，"宇宙间真正美的东西，往往不能以言语形容"②，所以中国先哲不常谈美的问题，但无论是老庄还是孔孟，他们对生命创造之天地大美都有透彻的理解。

对于美的生命本体论基础，罗光的认知同样深刻，他明确提出"美的本质是生命""生命是美的根基"等生命美学命题，并有比方东美看起来更周详的论证阐述。

他的生命美学依循古典美学的一贯传统，明确美不是一种纯粹主观的感觉，美是客观实有的。一切实体都具有美的属性。他讲，"凡是实体都是美"③。"宇宙自然无论在本体上，或在运行上，都是美。"④ 也就是说，无论是宇宙的本体

---

① 方东美：《中国人生哲学》，中华书局 2012 年版，第 196 页。
② 方东美：《中国人生哲学》，中华书局 2012 年版，第 54 页。
③ 罗光：《生命哲学续编》，载《罗光全书》（册二），台湾学生书局 1996 年版，第 143 页。
④ 罗光：《士林哲学：实践篇》，台湾学生书局 1981 年版，第 370—371 页。

还是宇宙的现象，无论是精神的实体还是物质的实体，都是美的。

罗光讲："生命哲学的生命是实体的本体，在实际上实体就是存在，存在就是动，存在的动就是生命；美和生命同为实体的本体。存在既是本体的根基，存在又是生命，生命便是美的根基。"[①] 他的论证逻辑借鉴了传统士林哲学的概念和方法，视生命为存有，把一切实体的存在看作生命本体之运动，因此生命就是一切实体之美的源泉。

当然，毕竟本体与现象、精神与物质的生命表现充实程度有所不同，所以美的呈现也会有区别。美是实体生命自身的表达，实体有差别和等级，美就有差别和等级。"精神实体没有分子，它的本体当然充实，有美的基本。物质物有协调、均匀和统一而称美，也只是本体的美；实际的美，需要有表达之美。自然物质物具有表达之美，便是自然美；人造物具有表达之美，便是美术之美。精神实体常是自然实体，不能由人工所造，它的本体的充实，自然表达于外，精神实体，所以常是美。"[②] 在罗光看来，精神实体的充实与次序，超越于

① 罗光：《生命哲学的美学》，台湾学生书局 1999 年版，第 2 页。
② 罗光：《生命哲学的美学》，台湾学生书局 1999 年版，第 2—3 页。

物质实体，所以精神实体较物质实体更美，至于绝对的精神实体，也就是绝对的美。绝对的精神实体，在罗光的士林生命哲学中，只能是造物主。"造物主是绝对精神体，本体充实，内涵无限。造物主本体的表露，具有至高至大的光辉，乃称为绝对至高之美。"[①]

依方东美的理解，儒道所讲的天地之大美是形而上的普遍生命在宇宙间流衍贯注的自然体现。但罗光从士林哲学所理解的天地之大美，却迥然异乎其趣。他讲："儒家讲天地之美，常以美和善相并行，美和善，都出于造物主有意的布置。"[②] 也就是说，在罗光看来，天地之美是人格性的造物主所创造，而非天道自然通过宇宙大化流衍在生命活动中的呈现。"万物受天主所造，具有造物主的美善，显露出这种美善以光荣造物主的美善。"[③] 造物主之美是原型美，万物作为受造者分享了这种无限之美，是有限的模仿美。万物之美是相对的美，万物之相对美的意义在于荣耀了造物主之绝对美。尽管方东美哲学中也有造物的概念，但罗光此种美学二元论结构，在方东美的生命

① 罗光：《生命哲学的美学》，台湾学生书局 1999 年版，第 3 页。
② 罗光：《士林哲学：实践篇》，台湾学生书局 1981 年版，第 370 页。
③ 罗光：《生命哲学订定版》，载《罗光全书》（册二），台湾学生书局 1996 年版，第 188 页。

美学中是看不到的。方东美认为有限美与无限美是可以混融一体的。

六、美与精神生命的价值目标

在方东美看来，中国哲学跟西方哲学一个极大的差异，就是拒绝用二分法形成对立矛盾，而是以道器不二、体用一如、心物合一的思维方式使一切系统与一切境界纵横贯通，形成一个"旁通统贯的系统"。他讲：

> 就本体论来看，宇宙真相固然可以划分为各种相对真相，以及相对真相之后的总体——绝对真相。但是相对之于绝对，不是用二分法割裂开的，而是由许多相对真相集结起来，在一贯之中找一线索，自自然然可以统摄到一最高的真相，因此最高真相是绝对的，并不是与相对系统对立，而是相对系统的贯通。再由价值论方面看，不管是艺术价值（美）、道德价值（善）或各种知识体系（真理），从艺术、道德、哲学等方面看，各种价值各有其领

> 域与境界，但是每一种都不是孤立系统，而是要与
> 别的美善真的领域之价值，由下面发展下去，一层
> 层向上提升，提高的价值可以回顾贯穿下层的价
> 值，不遗弃它。①

从本体论的角度纵向看，相对与绝对、有限与无限不是二元对立的，万物之美（形下而具体之美）与天地之大美（抽象而普遍之美）都是精神生命的流衍，内有生命力量一以贯之，故融通统贯，浑然一如。从价值论的角度横向看，艺术、道德、哲学或科学各有其领域，但彼此之间不是隔离的，而与之对应的美、善、真诸价值范畴与精神境界也不是彼此分裂的。美、善、真在方东美的生命哲学的价值体系中是相互渗透、圆融一如的。生命精神，以及真、善、美的生命价值表现，都与宇宙大化生机浑然同体、浩然同流，毫无间隔。这种生命精神若以艺术创造来驰骤宣畅，可以造就价值圆融的精神境界："参赞化育，协和宇宙，足以陶铸众美，超拔俗流，进而振奋雄奇才情，高标美妙价值，据以放旷慧眼，摒除偏执，创造浩

---

① 方东美：《原始儒家道家哲学》，台北黎明文化事业公司 1983 年版，第 21—22 页。

荡诗境，迈往真、善、美、纯与不朽的远景"①。

在士林哲学中，人是"心物合一体"，自我生命是精神与物质、心灵与肉体结合的整体的生命。在罗光看来，生命力或创生力，促进人的潜能到实现的变易，具体呈现为生活。生命的价值，就在于人的生活展开。人的生活，包含有生理生活、感觉生活、心灵生活等多个层面。其中，惟有心灵生活才能企及真、善、美诸价值境界，实现生命价值的提升。所以"求美、求善、求真的生活，以求生命的发展"②，主要属于心灵生活的价值境界范畴。他讲："人的生命为心物合一的生命，然以心的生命为主宰。心的生命，在于美、善、真、爱的各种活动，遍及知识生活，意志生活，情感生活，且有发展的历程，形成历史的意义。"③生命的意义，是心灵生命所构筑的意义。在罗光看来，人心自然倾向于真善美，"心灵为精神……精神活动的目标，就是欣赏绝对的真美善"④。

---

① 方东美：《中国人生哲学》，中华书局 2012 年版，第 208 页。

② 罗光：《生命哲学订定版》，载《罗光全书》（册二），台湾学生书局 1996 年版，第 195 页。

③ 罗光：《生命哲学订定版》，载《罗光全书》（册二），台湾学生书局 1996 年版，第 VI 页。

④ 罗光：《生命哲学再续编》，台湾学生书局 1994 年版，第 10 页。

罗光所谓"绝对的真美善"是具有神学含义的。生命美学，其最终的精神境界就是要趋近绝对的真善美，实现相对生命与绝对生命的融合，以求最终灵魂的解脱和自由。他讲："我的精神生命，趋向无限的绝对真善美，又与基督的神性生命相合为一，我的精神生命乃在本体上超越宇宙万物的自然界物体，摄升到神性的本体。我精神生命的活动也日渐超越宇宙万物，虽同万物活在宇宙中，我精神生命的活动在目的和本质上，都属于超宇宙的神性生活，且与绝对真善美的造物天主相接。"[①]也就是说，精神生命超越宇宙万物，从自然本性提升到神性本体，进入一种神性的生活世界，使灵魂面见天主的本体，使有限的生命回归到永恒的生命，分享绝对的真善美，从而获得灵魂的喜乐，让生命价值彻底满足。显然，这是一种外在超越的思想路径。个体的精神生命要实现此种外在超越，在罗光看来，只有通过以信仰为基础的"神见"或"默观"，通过扬弃"本性"而攀升到"神性"："神见或默观为超性的超越，迈出本性以上，相对的生命融合在绝对的生命里。面见绝对真美善，快

---

① 罗光：《生命哲学订定版》，载《罗光全书》（册二），台湾学生书局 1996 年版，第 301 页。

乐盈盈，不可言宣"①。这种论述已全然超出所有中国哲学的概念系统与思想路径，完全属于基督宗教的神学表达了。所以，罗光士林生命美学的本体论，明显带有神学美学的特征。

七、生命之美与美感

方东美的生命美学相关著述堪称宏富，然而正如罗光所讲，其"以诗人和文人的文章表达思想，不免有笼统不明确的阴影"②。尽管方东美早年接受过西方哲学的系统训练，其著述亦博采西方古今之所长，但其哲学思想的形成却主要植根于中国传统文化与思想中。因此他的"文心"是中国古典的，丰藻克赡，情文并茂。不仅表现在语言、概念上，甚至他的思维逻

① 罗光：《生命哲学订定版》，载《罗光全书》（册二），台湾学生书局 1996 年版，第 353 页。

② 罗光：《方东美的哲学思想》，参见国际方东美哲学研讨会执行委员会主编：《方东美先生的哲学》，台北幼狮文化事业公司 1989 年版，第 306 页。方东美的思想表述不仅是语言概念带有前现代学术那种笼统含混的弊病，其哲学思维也有类似问题，所以沈清松这样评价他的哲学："方东美之哲学深趣，始自在艺术经验中体察蓬勃大有创造不已之消息，成于哲学历史与哲学系统交织之机体主义。然其成也，亦即毁也，复归于易之空灵与不测。"参见沈清松、李杜、蔡仁厚：《冯友兰·方东美·唐君毅·牟宗三》，中华文化复兴运动总会、王寿南主编：《中国历代思想家》（二十五），台湾商务印书馆 1999 年版，第 74 页。

辑也深深地烙印着中国古典学术的痕迹。这种学术思想风格，深刻影响了其生命美学建构。

所以，在方东美的生命美学著述中，我们能看到天地万物之美源于普遍生命的创进化育的论断，看到生命即美的论述，看到"宇宙之美寄于生命，生命之美形于创造"[1] 这样的名句，就是找不到现代美学意义上的"美"的明确概念厘定。方东美汲汲于宇宙之美、生命之美的探索，热衷解答"何物谓美"的问题，却对"美为何物"这种现代美学所重视的本质主义问题不屑一顾。其美学思想中，最接近本质主义的"美"的定义就是他从谢赫《古画品录》中借用的"气韵生动"一语。[2] 但这仍属于语义模糊的描述性语言，什么是气韵生动很多时候只能意会无法言传，而美到底是什么，依然界定得不够清楚。所以，尽管学界也把方东美称为当代著名美学家，但其实他的美学思想只是其生命哲学的内在向度，并不是一种现代意义的审美学理论。他的生命美学只能归结为一种古典美学。我们知道罗光的生命美学是一种深受中世纪士林哲学影响的美学，骨子里也是一种古典美学（神学美学）。但即便如此，西方现代美

---

[1]　方东美：《中国人生哲学》，中华书局 2012 年版，第 55 页。

[2]　方东美：《中国人生哲学》，中华书局 2012 年版，第 198 页。

学在方东美新儒家生命美学中留下的影响，也要远远少于在罗光新士林生命美学中留下的影响。

　　相较于方东美，罗光对于西方美学史应该有更加系统的认识。在其生命美学著述中，他也像一般美学家那样，一本正经地梳理、检讨西方和中国对于美的本质的种种代表性的观点，并得出自己的总结："在各家的美的定义或思想里，有几点共识。第一，美不能是呆板的，而该是活的；第二，美该是整体和谐的。"[1] 基于这一深刻美学史认识，综合儒家（孟子）和士林哲学（圣托马斯）的美学思想，罗光给出了自己的定义：美是"生命充实而有光辉"[2]。相似的定义他早年也曾表达过："美是实体的特性，实体充实而有光辉能激起欣赏时，便称为美。"[3]

　　这在现代美学史上也算一个标准的美的本质定义。"美是实体的特性"，表明美是实体（无论是精神实体还是物质实体）的一种客观属性，"美不是一种纯粹主观的感觉……美是客观

---

[1]　罗光：《生命哲学续编》，载《罗光全书》（册二），台湾学生书局1996年版，第133—134页。

[2]　罗光：《生命哲学的美学》，台湾学生书局1999年版，第2—3页。

[3]　罗光：《士林哲学：实践篇》，台湾学生书局1981年版，第408页。

实有的"①，因此表明了罗光客观主义的美学本质论立场。所有的实体从生命哲学看都是生命实体，差别只在于是否具有心灵自由与感应的能力，是精神的还是纯粹物质的。所谓"实体充实而有光辉"，充实是讲生命实体之美的内在属性，光辉是讲生命实体之美的外在属性。实体的本体内涵充实，充实是本体属性，其必须通过次序和谐的整体性的形式来表现。光辉则是生命实体的充实形式表现的属性。"光辉是充实的表达，表达为美的要素，表达而有光辉"，第一"要有实际性的表达，不是抽象式的表达"，第二"要有明朗的表达"，第三"符合人心的美感"，第四"美是动的不是静止的"。② 换言之，生命实体充实之光辉表现，一定要具体、明晰、感人和生动。其中，生动对于生命哲学的光辉范畴而言，尤为关键。因为生动或生气是生命活动的审美表现，故被罗光视为美的特别要素。从生命哲学的观点来看，"万物内部有生命，彼此相通相感。艺术品要能显露这种周流的生命，才可以称为美"③。所以，他完全赞同方东美将美的本体锚定在《易经》"生生"的哲学观念上，

<hr>

① 罗光：《士林哲学：实践篇》，台湾学生书局1981年版，第409页。
② 罗光：《生命哲学的美学》，台湾学生书局1999年版，第3页。
③ 罗光：《生命哲学续编》，载《罗光全书》（册二），台湾学生书局1996年版，第137页。

界定美为"气韵生动"。他在谈中国美学时便讲，"最重要的是《易经》'生生'的观念，由生生而万物有生命，美必定要有生气，要有生动。'气韵生动'乃成为中国对美的第一原则"[①]。

在方东美的生命美学体系中，宇宙大化流行，万物欣欣向荣皆是生命创造化育的自然结果，价值自上而下流贯，遍及一切，呈现生命大化之至善至美。生生流衍，化生生物，生命力有高有低，或静或动，其中以能活动、能思考的人类为生命创化的顶峰，人的精神生命因此最具动态与创造性。方东美讲："单纯的生命被提升为精神生命，在充实光辉的价值与积健为雄的理想中完成实现。生命因而转化为心灵，不断由精神力量予以附丽增益。这就是人类精神生命之来临，永远在企望接近神的原始创生之德。"[②]精神生命主体意识的确立，必然产生精神生命的欲求，这种欲求的目标就是《易经》所说的"与天地合其德，与日月合其明，与四时合其序，与鬼神合其吉凶"（《乾卦·文言》），或者《庄子》所谓"独与天地精神往来"（《天下篇》）。这是中国哲学的基本精神。

---

① 罗光：《生命哲学的美学》，台湾学生书局1999年版，第52页。
② 方东美：《从宗教、哲学与哲学人性论看"人的疏离"》，载《生生之德：哲学论文集》，中华书局2013年版，第290页。

天人合德、天人合一，是精神生命主体内在的超越，是在有限中实现无限的内在自由。所以方东美讲："我们托足宇宙中，与天地和谐，与人人感应，与物物均调，无一处不随顺普遍生命，与之合体同流。"① 这属于人的精神生命的自然追求。审美作为精神生命创进不息的面向，作为人类精神生活的重要组成部分，它的本质深刻地体现了这一哲学精神。所以审美在方东美看来，就是体会宇宙中创进不已的生命，与之合流同化，"饮其太和"，"寄其同情"。②

人的精神世界，无外乎"情""理"二字。"人类含情而生、契理乃得存。"③"情趣"与"理境"，为精神生活的两种基本形态。

情者感物而动，动于中而形于外，即生命精神的勃发。天地含情，万物含生。在方东美看来，"生命是有情之天下，其实质为不断的、创进的欲望与冲动"④。宇宙大化中的气象万千、气韵生动之妙趣，皆是生命之爱的感动与情的蕴发。个体精神生命内在于宇宙生命，感应普遍生命之脉动，"依健全

① 方东美:《中国人生哲学》，中华书局 2012 年版，第 39 页。
② 方东美:《中国人生哲学》，中华书局 2012 年版，第 57 页。
③ 方东美:《哲学三慧》，载《生生之德：哲学论文集》，中华书局 2013 年版，第 110 页。
④ 方东美著，李溪编:《生生之美》，北京大学出版社 2009 年版，第 28 页。

的精神领悟有情天下之情趣，使生命活动中所呈露的价值如美善爱等循序实现"①。有情天下之情趣，包含着生命之美的价值，这种价值只有依靠健全的精神来感应、领悟并确证。这是儒家生命美学所讲的审美的本质。人之情，"感万有而与天下共赏，以审其美"②。审美，必然与人类的生命情感相关。而人的生命情感，本身是一种生命创造欲。所以方东美讲："一切美的修养，一切美的成就，一切美的欣赏，都是人类创造的生命欲之表现。"③

美在罗光生命美学体系中是客观的，但美感却唯独属于精神生命主体。美属于引起美感的客体，美感则是审美主体在欣赏活动中产生的心灵愉悦。任何价值的实现，都离不开人的心灵生命。宇宙万物之美离开心灵的美感，它的价值也就无从体现。正如罗光所讲：

思虑求知，发展人心灵的生命，增进人的幸福。

同时，也增高宇宙万物的价值，宇宙万物的"存在"，

---

① 方东美著，李溪编：《生生之美》，北京大学出版社 2009 年版，第 26 页。

② 方东美著，李溪编：《生生之美》，北京大学出版社 2009 年版，第 27 页。

③ 方东美：《中国人生哲学》，中华书局 2012 年版，第 58 页。

虽然是动的，是生活的；然而没有心灵，不能自有意识。一切物体的存在，块然无灵，存在等之于不存在……万物被人所认识，受人所欣赏，而被提升到天主的神性界。人心灵的思虑，给予宇宙万物的"存在"意识，"存在"美丽，"存在"价值。①

所以宇宙万物美的价值，需要心灵生命来确证。而对于至善至美的价值追求，也是精神生命的本质。"心灵生命因着自由，乃追求脱离物质，趋向绝对的真美善。"②心灵生命有三种活动：理智、意志、情感。理智求真，意志求善，情感求美。所以，美感是精神情感追求的特殊生命体验，一种生命的满足感，心灵的愉悦。

罗光把美感视为是对美的认识和欣赏，欣赏美需要心灵投入情感，因而美感的感不是感觉，而是情感。"美感为感情的活动。"③它是一个生命充实发展，面对另一个充实发展的生命时，

---

① 罗光：《生命哲学订定版》，载《罗光全书》（册二），台湾学生书局 1996 年版，第 188—189 页。
② 罗光：《生命哲学订定版》，载《罗光全书》（册二），台湾学生书局 1996 年版，第 205 页。
③ 罗光：《生命哲学的美学》，台湾学生书局 1999 年版，第 16 页。

自然激起的喜悦满足之情，是一种生命趣味的互应。如罗光所讲："审美者欣赏美，两方的趣味互相感应，便有美感。"①因此，美感是一种心灵认识与体验活动中获得的精神愉悦的主观描述。

美感的生命哲学基础是所谓"生命充实发展的互应"。在罗光看来，人的生命追求充实发展，"达到了充实的相当程度，遇到别一生命也达到相当程度的充实，两种相遇就发生互应的愉快，两者趣味相投。这种美感不是感觉上的愉快，而是生命自然的满足"。②因此无论是自然美还是艺术美，当其被欣赏时，美的充实和光辉就在欣赏者的生命中激起感应，产生趣味。趣味的满足，就是美感的实现。他还认为，引起人的心灵感应和审美愉悦的美的客体，不一定非得是实体，也可以是虚构的。"实体或虚构所以能够引起情感的反应，成为一种美感，必定是在这件实体或虚构中，有和人的生命相同的生命，才能引起人生命的反应，使心灵感到兴趣。"③总之，精神生命的情感生活，按照生命的内在逻辑，要求生命的感应和联结，从而引起生命充实共鸣的美感。所以，作为生命活动，"美感不是

---

① 罗光：《生命哲学的美学》，台湾学生书局1999年版，第15页。

② 罗光：《生命哲学的美学》，台湾学生书局1999年版，第8页。

③ 罗光：《生命哲学续编》，载《罗光全书》（册二），台湾学生书局1996年版，第138页。

感官的活动，而是整个生命的接受"①。

美感在罗光的生命美学中虽然也是一种认识，但这种认识不是知识学意义上的理智认识，而是情感认识，因此美感不增加人类知识。美感在罗光看来也不经过反思，它是对审美对象的一种整体的情感体验和把握。所以美感通常是直接的，不假外物，无关功利。如罗光所讲："对于美的欣赏，在感情中乃是最纯净的，不包含利益，不运用思虑，只是美的予受。"②也即是说，美感只关乎内在的情感体验，是一种纯粹的精神愉悦。同时他还在区分肉体感官的愉悦和精神心灵的愉悦的基础上，厘清了"美感"与"快感"的界限。凡此种种，可以看出，罗光的生命美学思想深受现代西方审美学观念之影响。

八、艺术与生命之美

宇宙人生之美，在方东美看来，都寄于生命，都是生命创造化育的价值呈现。艺术，作为人文生命之美，则是这种创造

---

① 罗光:《生命哲学订定版》，载《罗光全书》（册二），台湾学生书局 1996 年版，第 163 页。
② 罗光:《生命哲学订定版》，载《罗光全书》（册二），台湾学生书局 1996 年版，第 163 页。

化育的精神生命价值的集中体现。依据方东美的生命哲学思想，宇宙大化流行，普遍生命创化不已，挟其善性以贯注于人类，使之渐渍感应，继承不隔，俱能率性发展，充实生命，并与大化合流同化。人与天地精神协和一致，共同创进，不断拓展新机，激发精神生命的觉醒，积健为雄，发挥天才，进展至艺术之创造，从而使原始生命在艺术的文化理想照耀下蜕变为人文生命，彰显出生命创化更加恢宏的气宇。正如方东美所说："在艺术世界中，生命却如同芭蕾，是一场舞蹈，举手投足都经过美化，把所有情绪按照韵律纳入教化，所以终能优雅美妙，气韵生动，在悠扬高雅的音韵中，促使人类的本能转化成高尚芳洁的意境。"[1] 意境，生命审美至高无上的境界形态，是精神创造的灿然天地。

艺术虽然是人创造的，但和宇宙万物一样，都离不开生命的创造力。就像方东美所讲："艺术与宇宙生命一样，都是要在生生不息之中展现创造机趣。"[2]"一切艺术都是从体贴生命之伟大处得来的。"[3] 艺术本质是对生命精神的欣赏颂赞，其通

---

[1]　方东美：《中国人生哲学》，中华书局 2012 年版，第 99 页。

[2]　方东美：《中国人生哲学》，中华书局 2012 年版，第 204 页。

[3]　方东美：《中国人生哲学》，中华书局 2012 年版，第 57 页。

过精神生命创造呈现出的机趣和生香活意，反过来又提升着生命精神的境界。

艺术是精神生命的创造，因此"气韵生动"被方东美视为最高的艺术美学范畴。判断一件艺术作品的好坏，就是看它能不能将宇宙创化的雄奇生机淋漓尽致地表现出来。方东美讲："艺术性的直观也是美的本质，其要义乃在驰情入幻，透过创意，而将雄奇的理想融入作品，具体表现出生动活跃的气象。"①生动活跃的气象，就是气韵生动。

方东美谈希腊悲剧艺术，认为其神妙之美正在生命精神。在他看来，希腊人深尝人间苦痛，积健为雄，发抒创造天才，征服困难，使其生命精神铺张扬厉，酣畅饱满，而后形诸艺术想象，将生命的醉意与艺术的梦境融为一炉，神化入妙，从而形成伟大的悲剧艺术与精神。因此他如此高度评价希腊悲剧："希腊思想是以惊叹生命之危机为起点，中间经过痛苦的忍受，反乃激发了沉雄深厚的奇情，据以点染生命，竟使生命的狂澜横空展拓，入于美妙的化境，透露酣畅饱满的气息……希腊思想漫把宇宙人生之悲剧的景象，钩摹敷写、导意入神，令人对

---

① 方东美：《中国人生哲学》，中华书局 2012 年版，第 208 页。

之油然生出欢愉的美感，以艺术的壮怀歌咏生命的胜利，这是何等伟大！"①

相较于希腊艺术对生命精神的直接讴歌与礼赞，中国艺术则是将生命精神内化为一种气质和审美风格：气韵生动。在方东美看来，中国的艺术，不论何种形式，都以表现这种盎然生意为尚，"不论是哪一种中国艺术，总有一般盎然活力跳跃其中，蔚成酣畅饱满的自由精神，足以劲气充周，而运转无穷！"②而中国的艺术家则尤其擅长在创造中驰骋玄思，直透内在的生命精神，发为外在的生命气象，宣畅气韵生动的宇宙机趣。他说："中国艺术家擅于以精神染色相，浃化生命才情，而将万物点化成盎然大生机。"③所以中国的艺术，关心的主要就是生命之美——气韵生动。这是中国艺术的根本特性。

罗光以艺术为"美术"——"造美之术"。虽然他也说："若是认为美术所造的不常是美，也有丑，美术的意义，则可以说为'制造引起美感作品之术'。"④但他所理解的艺术，主要仍然

① 方东美：《生命悲剧之二重奏》，载《生生之德：哲学论文集》，中华书局 2013 年版，第 50 页。
② 方东美：《中国人生哲学》，中华书局 2012 年版，第 201 页。
③ 方东美：《中国人生哲学》，中华书局 2012 年版，第 208 页。
④ 罗光：《士林哲学：实践篇》，台湾学生书局 1981 年版，第 358 页。

属于十八世纪古典美学的典型艺术观，即"艺术是美的产物"，"美是艺术的本质"。所以他才故意将艺术称为"美术"，而把艺术哲学称为"美学"。① 当然，他这种对美学和艺术的理解肯定有局限性。尽管如此，艺术在罗光思想中获得了前所未有的精神地位，他甚至认为艺术比哲学更能体现人的生命完整性，"美术则是用人的理性，又用人的感觉；感觉和理智、意志，在艺术里有同等的价值；而且感觉尚似乎重于理性，如同一个人，在具体生活上，感觉也似乎重于理性。因此美术较比哲学，更能代表整个的人，更能发展人的具体人格"。② 虽然，艺术在罗光思想体系中的实际地位没有他宣扬得这么高，但罗光这里在理念上对艺术的拔高，确能一定程度呼应方东美的美学观念。不过，方东美生命美学对艺术精神的拔高，不只是停留在理念上，而且是实际地内化于其生命哲学体系中的。

艺术是一种对美的内在生命感受的形式表达。艺术家使用物质材料，运用特定技巧，来表达出心灵的感受与意境、精神生命之美妙，从而造就艺术品，以供他人欣赏。在罗光看来，艺术之美的表现内蕴着生命的整体价值。"人世间美术的美的

① 罗光：《士林哲学：实践篇》，台湾学生书局 1981 年版，第 359 页。

② 罗光：《士林哲学：实践篇》，台湾学生书局 1981 年版，第 357 页。

存在方式，在于美术者在作品中表现了自己的整体生命，就是没有欣享者，这件美术品仍旧是美。"①艺术表达是主观的，但艺术之美，正如宇宙之美，它一旦被创造，就是客观存在的，这一点在罗光的士林生命美学中是毋庸置疑的。

艺术作为一种文化，它本身是社会性的产物，除了"表达"精神生命之美，它也有"传达"精神生命之美的内在需要。因此，艺术表达精神生命的创新，目的也是为了将精神生命之美传达出来，让人通过欣赏获得这些酝酿于艺术家心灵中的丰盈美感。如罗光所讲："美术家创作美术，表现自己生命的发达……每一件美术品，只属于美术家自己一个人，只表露美术家本人的心灵。欣享美术品的人，直觉体验到美术家的心灵，心有同感，感到兴趣。"②所以，艺术美感是欣赏者与艺术家之间生命的交互应映产生的。

固然，艺术家表现精神生命之美必须依赖特定的艺术技艺（所谓"造美之术"），但根本仰赖于其内在的"心灵的生动"。只有艺术具有生命的灵动气息，才能最大限度地激发心灵的情感互应，让人获得无与伦比的美感。由之，气韵灵动成为艺术

---

① 罗光:《生命哲学的美学》，台湾学生书局 1999 年版，第 13 页。
② 罗光:《生命哲学的美学》，台湾学生书局 1999 年版，第 25 页。

美的首要标准。艺术只有表现了充实生命的意气，才能成为好的艺术。

在《生命哲学》和《生命哲学的美学》中，罗光以中国画为例，讲艺术一定要生机盎然，只有生气越高、机趣越妙，才能称为神品妙品。神品妙品所呈现的艺术美，是精神生命的美。所以罗光说："神品不可模仿，模仿的艺术品只能有外形的颜色线条的美，不能有内部的生命，因为模仿者没有所模仿艺术品的创造者的灵感，不能给予模仿品那原品所有生气。"[①]可见，好的艺术品是独一无二的，其原因即在于它所呈现的原创灵感及其背后的生命精神不可复制。换句话说，艺术不可模仿，是因为它表现的充实发展的生命本身就是变动不居、生生不已的，生命之美，气韵生动，是刹那的永恒，深不可测，只可意会而不可模仿。

罗光的艺术美学，贯通了其士林生命哲学与美学的思想，也吸收了现代艺术理论的部分观念。较之方东美艺术美学的空灵活泼、真气充周，罗光艺术美学多了一分严谨与学究气质，其论述也更为系统、全面。但二人最终殊途同归，都将艺术标

---

① 罗光：《生命哲学的美学》，台湾学生书局 1999 年版，第 20 页。

准归结到"气韵生动"这一美学范畴,认为艺术之美是生命充实的外在表现,艺术之美也就是生命之美。二人"气韵生动"的推崇,揭示了新儒家生命美学与新士林生命美学内在精神相通。

九、结语

在中国生命哲学传统与伯格森、怀特海为代表的现代西方生命哲学的会通基础上,方东美发展出新儒家生命美学体系。相较于罗光以中国哲学会通中世纪士林哲学来建构其新士林生命美学体系,方东美的生命美学理应更加现代。但事实却是罗光的美学要比方东美的现代化一些,不仅其语言概念如此,其论述的结构逻辑和体系性更是如此。方东美的生命美学体系带有浓郁的前现代色彩,是一种"形神兼具"的古典美学。罗光虽然骨子里渗透着天主教士林哲学的精神,但其生命美学却广泛吸纳了西方现代美学的概念体系和逻辑结构,所以他的生命美学更接近一种现代美学理论。尽管如此,罗光生命美学的哲学基础是《易经》生命哲学和士林哲学,所以概念与论证结构的现代化,并不能遮蔽其古典美学的内在属性。而且,无论罗光如何重视中国生命哲学的传统,士林哲学的神学内核,在其生命美学本体论中都是无法消融的，所以罗光的生命美学带有部分神学古典美学的特征。

方东美的新儒家生命美学与罗光的新士林生命美学，理论上有许多相通。其一，在哲学背景上，二者都深深植根于《易经》的生命哲学传统，并都是会通中西哲学的思想体系创造的。其二，在本体论上，方东美和罗光都强调生命为中国哲学精神的核心，以建立生命的形而上学。二者都承认永恒而无限的宇宙生命的客观存在，在生命哲学中保留了宗教的终极关怀。他们也都主张生命化育是宇宙动力之源，并以仁爱为宇宙创造化育的生命精神的最高体现。其三，他们都以生命为美的根基，认为天地万物之美都源自生命。宇宙大化流行，生命创造化育，价值向下流贯一切，呈现生命之至真至善至美境界，精神生命必以真、善、美为其价值目标。美感是充实生命的互应。二者都以气韵生动为其艺术美学的最高标准。

尽管有这些相通、相似之处，甚至罗光也认为他和方东美都抓住生命这一哲学本体，是用相同的路径来诠释中国哲学的精神，但二者毕竟思想背景不同，以至其生命美学的体系建构呈现出不同模式。方东美虽然广泛吸收了西方和印度的相关思想，并直接化用伯格森、怀特海诸人的创造进化概念于《周易》

生命本体之诠释，但其思想的根基在中国儒家人文精神传统，其对古希腊和西方现代主体生命哲学的吸纳化用，并未影响其哲学人文主义精神内核的挺立。但罗光借以会通中国生命哲学的士林哲学，其神学的精神内核，却与儒家人文主义扞格。

因为信仰立场的预设，最终在本体论诠释部分，罗光不得不让儒家的人文主义屈从于天主教的神本主义。这一根本差异导致了现代汉语生命美学的两种模式。方东美与罗光生命美学的理论差异主要由此而来。如方东美讲生命是宇宙普遍生命大化流行、创进不息的结果；罗光却讲生命神造。罗光信仰一神教，故其神是人格神；方东美信仰泛神论，他的神是形上的，哲学意义的理神。方东美讲天人合一，以圆融的世界观审视人神关系；罗光却以分别的思维看人神之间的绝对差异。对于生命原动力的阐述，在方东美看来，原创力与化育力代表着原始生命力量的一体两面，本质上即体即用，是一体浑化的；罗光区分的创造力与创生力，却是创造与受造、体与用或者源与流的关系。方东美理解的宇宙大爱是生命创化不息的客观精神；罗光诠释的宇宙大爱是天主的圣爱。方东美把天地之大美看作形而上的普遍生命在宇宙间流衍贯注的体现；罗光却因此把天地之美视为天主的创造，并以美学二元论的方式，将造物主之美与天地万物之美视为原型美（绝对美）与模仿美（相对美）的对立。在方东美的哲学体系中，他以道器不二、体用一如、心物合一的思维将一切系统与一切境界纵横贯通，形成一个"旁通统贯的系统"，美、善、真圆融互渗的，并与宇宙大化生机浩然同流；而在罗光的哲学体系中，虽然他一直努力以中国哲学天人合一的思维打通中西，但却始终无法打破士林哲学中内含的神学二元论结构，他讲"绝对的真善美"必然是属神的。

但新士林哲学的形而上学传统，以及其对现代思想的开放性，也给罗光的生命美学体系建构带来益处。首先，罗光继承了大量士林哲学的概念，如"有"（存有）、"在"（存在）、"性"（本质）、"动"（变化）、"能"（潜能）、"成"（实现）、"整体性"、"光辉"等，这使其生命美学的论述较之方东美的美学更加清晰而严谨，不乏精到之论。其次，因为吸收了现代西方美学的成果，罗光的生命美学不仅重视美学本体论的建构，还系统地阐述了"美""美感""直觉""体验""趣味""艺术"等美学关键问题，厘清了"美感"与"快感"的差异，重申"审美无利害"等现代审美学命题，这使得其美学体系更加完整。但是，罗光会通儒家与士林哲学，两种异质思想的统合无法做到天衣无缝，故其梳理中国传统美学思想的时候，往往文艺作品与思想材料混杂，有时材料分析与其美学概念难免也有不甚相合、失于疏浅脱节的地方。

可见，罗光与方东美的生命美学孰优孰劣，并不是一个可以轻易论断的问题。

不管是方东美的新儒家生命美学，还是罗光的新士林生命美学，都可以称为一种古典美学的现代建构。这种以生命为本体的古典美学，在中国哲学与艺术传统中体现得最为充分。中国美学的自觉与自信，包括所谓美学中国话语的建设，无论如何绕不开生命美学。方东美的新儒家生命美学与罗光的新士林生命美学，是二十世纪生命美学体系现代建构最重要的两座丰碑，比较二者，无意于简单判分优劣。论者以为，复兴古典的生命美学可以不止一条路径，"转益多师无别语，心胸万古拓须开"①，前人得失，可为今人借鉴。

---

① 钱锺书：《留别学人》，载《槐聚诗存》，生活·读书·新知三联书店 2002 年版，第 70 页。

附　录：牟宗三的才性美学

　　儒家道德哲学的系统化与现代化，是在二十世纪当代新儒家手中成型的。在当代新儒家中，牟宗三将道德生命的诠释建立在"无限智心"的哲学基础上，发展出体大思精的"道德的形而上学"（Moral Metaphysics），翻开了儒家道德生命哲学创造的崭新篇章。一直以来，因其秉承着儒家一贯的德性本位主义传统，推崇道德生命而忽视情欲生命，故牟宗三哲学偏重道德实践主体的哲学建构，对审美与艺术关注较少。因此之故，美学界很少将其视为二十世纪中国代表性的美学家。

　　然而，牟宗三建基于儒家传统心性之学的道德的形而上学，就其内在本质而言，包含了深刻的伦理美学意义，是中国伦理美学现代重建的典范。这一点罕有研究者注意到，甚至牟宗三本人亦未充分意识到其道德理想主义的境界论述最终必然导向一种生存审美的客观精神。

牟宗三的伦理美学思想，集中于其晚年所撰长文《以合目的性之原则为审美判断力之超越的原则之疑窦与商榷》中。①近由尤西林及其弟子的系统提炼与阐发，而逐渐显露出所谓"伦理生存美学"的理论框架。②在这种美学框架下，牟宗三以真美善的合一说超克康德的真、善、美分别说，其对依托自然情欲与感性论的现代审美学及唯美主义倾向自然是持有一种批判态度的。若按照这一美学诠释进路，那就是要将生命之美纯化为道德理性生命之美，这里面显然存在对于生命

---

① 此文原载于《鹅湖月刊》1992 年第 202、203、204 期，同时收录于当年出版的牟宗三译《判断力批判》作为序言，参见《判断力批判》，载《牟宗三先生全集》(16)，台北联经出版事业公司 2003 年版。

② 尤西林先生十年前便已就牟宗三道德哲学的美学性有过深刻的分析，并将牟宗三哲学的这一面向称为"伦理生存美学"，其博士弟子唐圣后来也曾就此论题进行过深入的拓展。参见尤西林：《"分别说"之美与"合一说"之美——牟宗三的伦理生存美学》，《文艺研究》2007 年第 11 期；尤西林：《智的直觉与审美境界——牟宗三心体论的拱心石》，《陕西师范大学学报》(哲学社会科学版) 2008 年第 5 期；唐圣：《圣人的自由——牟宗三美学思想的核心问题》，台湾学生书局 2013 年版。

美学的偏狭理解。毕竟作为实践主体的生命是肉体与精神、感性与理性、自然与道德的统一体，言说生命之美不能忽略其自然、感性甚至情欲的一面，否则生命的意义难免陷于抽象、空洞。

生命的圆成世界，呈现为真善美的圆融，牟宗三及后面的诠释者揭示出"合一说"之美的伦理生存意义固然深刻，但从形而上学的角度上看，"合一说"之美（无相之美）未尝不可涵容"分别说"之美（有相之美），将有相融于无相，将现象摄于本体。所以，牟宗三的生命美学不应该只有道德境界美学或伦理生存美学一个维度。而事实也是如此，牟宗三的生命美学固然有道德本体主导，但其对生命自然情欲维度的美学探讨其实在《才性与玄理》《历史哲学》等著作中已有较大篇幅的涉及，只是美学研究者很少注意到罢了。

无可否认，从生命美学的角度系统梳理牟宗三的美学思想，目前还是美学界没有完成的中国美学重构课题。因此，从自然生命与才性问题入手，针对牟宗三生命美学的形下面向（才性美学）作一分梳，借以弥补"伦理生存美学"（德性美学）重构留下的缺憾，方便学界更加全面了解牟宗三的生命美学架构。

一、"才性"及其形而上学基础

古人"才""性"往往分说，"才""性"合论，始见于王充。他在《论衡·名禄》中讲："夫临事智愚，操行清浊，性与才也。"

王充的人性论，与告子、荀子、刘向诸人一脉相承，故其言性都是"生之所以然者"[1]，属于人的自然本质："性本自然，善恶有质。"（《论衡·本性》）其言才，则是一般意义上的才能，即朱熹所谓"才，犹材质，人之能也"[2]。故王充以"临事智愚"来判断才之大小，以"操行清浊"来判断性之美恶，才就是人的实践能力，性则为人性本质。

"才""性"尽管合论，但王充并未将其统合成为一个概念。所以，"才性"概念的真正发端恐怕只能回溯至东汉末年赵岐的《孟子》注释："非天之降下才性与之异，以饥寒之阨，陷溺其心，使为恶者也。"[3]其后魏晋南北朝时期，由曹丕实施"九品中正制"首开名士风气，清言玄谈、人物品鉴渐成士林风尚，才性论由之兴盛。与阮籍、嵇康交好之一代名士袁准

---

[1]　告子讲："生之谓性也。"（《孟子·告子上》）荀子讲："生之所以然者，谓之性。"（《荀子·正名》）刘向讲："性，生而然者也。"（《论衡·本性》）

[2]　（宋）朱熹：《四书章句集注》，中华书局1983年版，第328页。

[3]　（清）焦循：《孟子正义》（下），中华书局1987年版，第759页。

（字孝尼）即作有《才性论》，今尚有残篇收录于《艺文类聚》之中："凡万物生於天地之间，有美有恶。物何故美？清气之所生也。物何故恶？浊气之所施也。""贤不肖者，人之性也。贤者为师，不肖者为资，师资之材也。然则性言其质，才名其用，明矣。"①而才性论在人物品鉴上的美学应用，当以刘邵的《人物志》为里程碑。同时，才性论亦作为批评范畴进入文艺领域，如曹丕的《典论·论文》、刘勰的《文心雕龙》之《体性》《才略》诸篇皆有涉及作家才性气质之品鉴。所以，才性在魏晋时期已经成为人物审美和文艺审美领域一个非常核心的范畴。这也便是牟宗三要单拎出"才性"这个概念来总结魏晋士人的生命气质与时代精神风貌的原因。

尽管"才性"在魏晋时代已经成为一个美学范畴，其既有美学批评的丰富实践，也有一定程度的理论反思，但它并没有被发展为一种美学理论。才性美学一直要等到牟宗三《才性与玄理》一书问世才被开掘出来，而且只有在新儒家生命哲学的体系框架下，它才被提升到生命美学的系统高度。

对牟宗三来讲，"才性"即才质之性，或曰"气性"——

---

① （唐）欧阳询：《艺文类聚》，上海古籍出版社 2007 年版，第 386 页。

气质之性。本质上，才性属于某种气质之性，但却不同于宋儒
所讲的狭义的"气质之性"。在他看来，王充所讲的"才""性"
虽不是一个概念，但却内在相融相通：

> 　才通于灵气之智愚，而会恁地去表现灵气，即成
> 为智。否则，即成为愚。故智愚是才，亦通于性。气
> 性之清者即智，气性之浊者即愚。清浊通善恶，亦通
> 智愚。而才则贯其中而使之具体化。具体化清浊而成
> 为贤不贤，亦具体化清浊而成为智与愚。故才是具体
> 化原则（principle of concretion）。①

　　所以，才性即气性，都是材质（material）之性（简称"质
性"）。善恶、智愚、才不才，只是气性厚薄、清浊的自然表
现，其内在的形而上学依据同源。

　　对于人性的诠释问题，在以儒家为中流砥柱的中国学问中
形成两大思想面向——德性与才性。德性论与才性论共同构成
了中国"全副人性"的文化生命景观。前者以先秦人性善恶问

---

① 牟宗三：《才性与玄理》，载《牟宗三先生全集》（2），台北联经出版事业公司
　2003年版，第5—6页。

题为枢纽，从道德善恶观念来论人性；后者即是《人物志》所代表的"才性名理"，即从审美的观点品鉴人的才性或情性之种种姿态。①

从现代的学术视角来看，德性论属于道德形上学的路径，而才性论无疑则是美学的路径。德性论中所讨论的性，为宋儒所谓之"义理之性"或"天地之性"，其源自《中庸》的"天命之谓性"，此天命天道之性经由孟子性善论以具体化扩充，与《大学》之"明德"、孔子之"仁"相会合，至宋明心性之学中集其大成，先后开出程朱之理与性、象山之心、阳明之良知、蕺山之意。这条思想史脉络，在牟宗三看来才是儒家正宗的人性论。②才性论则始于告子的"生之谓性"，经荀子、董仲舒、王充之发展，至刘邵《人物志》而成就才性品鉴之大观。德性论从道德生命言性，才性论从自然生命言性，尽管二者在儒家传统中有主有从，一为正宗，一为旁支，但只

① 牟宗三：《才性与玄理》，载《牟宗三先生全集》（2），台北联经出版事业公司2003年版，第52页。

② 正统儒家的人性论，在牟宗三看来，其实还可以分为两路："一、自老传统天命天道的观念，至《中庸》'天命之谓性'一语为结集系一路；二、自孟子本孔子仁智的观念以言即心见性之性善说为一路。"牟宗三：《中国哲学的特质》，上海古籍出版社2007年版，第65页。

有二者阴阳相济、相互卫拱，才是兼有情理的中国人性论的全幅画卷。

传统儒家从道德理想主义的立场出发，往往把自然生命或情欲生命视为生命的负面，是远远低于道德生命或精神生命的。所以，才性论一直不是儒家正宗重视的系统。

宋儒言变化气质，提出"气质之性"思想，虽然貌似正视性之两面，但其实宋儒的"气质之性"并不完全等同于魏晋人物品鉴中的"才质之性"。诚如牟宗三所论，宋儒的"气质之性"并不是从《人物志》那条思想脉络下来的，其有相似相通之处，只能算作学术发展上的某种遥相契合。[①]按理说，"气性"要比"才性"更具形而上学意味，意义维度更丰富，毕竟"才"只是"气"的一个面向。但是，"宋儒说气质之性乃是在道德实践中由实现'义理之性'而开出的"[②]，宋儒虽以道德生命之性融合了自然生命之性，但气质之性毕竟在义理之性的笼罩之下，其含义往往受限于德性气质，故单调而拘束，意义维度无法像魏晋才性品鉴中那样充分展开。这里面根本的症结在于，

---

① 牟宗三：《才性与玄理》，载《牟宗三先生全集》(2)，台北联经出版事业公司2003 年版，第 53 页。

② 牟宗三：《才性与玄理》，载《牟宗三先生全集》(2)，台北联经出版事业公司2003 年版，第 53 页。

宋儒所谓的气质之性，"是天地之性之落于气质中"。这就是说，对于宋儒，"天地之性是性之本然，是就性之自身说。气质之性则是就有生以后，性之落于气质中说。故气质之性即是气质里边的性"。① 这种气质之性附属于天地之性，没有独立的本体地位，只能在道德实践中呈现出变化气质。而董仲舒、王充所谓的"气性"，以及以《人物志》为代表的魏晋人物品鉴中的"才性"，却是独立于德性，有其价值本体地位的。这从根本上决定了才性所禀受气质之厚薄、刚柔、清浊，它既可以有道德的价值，也可以有美学的价值，而并不像宋儒的"气质之性"那样束缚于道德。所以牟宗三讲，"在品鉴才性方面，若套在全幅人性之学中，我们亦见其有特殊的意义与价值"②。一句话，生命既可忧虑，亦可欣赏。

才性论的形而上学基础是两汉时期流行的气化宇宙论。董仲舒以降，两汉的形而上学主要就是讲气化的宇宙论，魏晋谈才性名理往往也以元一（元气）、阴阳、五行来解释其形上根元。譬如刘邵就讲："盖人物之本，出乎情性……凡有血气者，

① 牟宗三：《才性与玄理》，载《牟宗三先生全集》(2)，台北联经出版事业公司2003年版，第66页。
② 牟宗三：《才性与玄理》，载《牟宗三先生全集》(2)，台北联经出版事业公司2003年版，第54页。

莫不含元一以为质，禀阴阳以立性，体五行而著形。"（《人物志·九徵》）才性或情性，本质是气化流行的结果，其清浊、美恶都离不开元气这一本体。魏晋才性论中的元气，尚未与《中庸》《易传》会通，故而并未像宋儒那样提炼出"一个创造性原理"（道、理、太极）。[①] 所以元气不是从理上讲的，而是从质上讲的，到底是一种朴素的形而上学。

"用气为性"，在牟宗三看来有两种路径：一是顺气之性，二是逆气之性。[②] 逆气之性，即由"气"上翻、逆显"理"，此理映照人心而显发为天命之性、义理之性。顺气之性，是气化流行，下委于个体而为性，"由元一之气迤逦下委，即成万物之性。人之性命，亦同此论"[③]。所以，顺气之性不体现抽象的理，而是呈现生命风姿之性，即材质之性。这种材质之性，不离生命个体具体的姿态与情态，故而是可以品鉴的，天然具有审美的要素。

———————————

① 牟宗三：《才性与玄理》，载《牟宗三先生全集》（2），台北联经出版事业公司2003年版，第56页。

② 牟宗三：《才性与玄理》，载《牟宗三先生全集》（2），台北联经出版事业公司2003年版，第1页。

③ 牟宗三：《才性与玄理》，载《牟宗三先生全集》（2），台北联经出版事业公司2003年版，第2页。

二、才性主体与情性审美

天地生人，其贵为万物灵长，重点不在血气之形，而在情性与理性。如刘邵所讲，人物之本在于才性情性。人性论中缺少情性这一维度，就无法呈现一个整体的个体生命人格。须知，每一个体都是生命的创造和结晶，其生存在此世具有种种生动活泼的姿态，这是德性论无法穷尽其妙的。像《人物志》这样，以才性论的视角，将人视为天地创生的生命结晶之艺术品，然后如鉴赏艺术一样，"直接就个体的生命人格，整全地、如其为人地而品鉴之"①，如此才能更好呈现生命的整体意义。

才性是自然生命的主体精神呈现，亦如德性是道德生命之主体精神呈现。才性主体集中体现了个体情性的主观性维度，所谓"才情""才气""气质""资质""性情""神韵""容止""风姿""骨格""器宇"，种种具体生动、千姿百态的形相与气质，按照牟宗三的讲法，皆是才性主体的"主观性之花烂映发"，而关于这一切"花烂映发"的内容的体会都是"美的欣趣判断"，

---

① 牟宗三：《才性与玄理》，载《牟宗三先生全集》(2)，台北联经出版事业公司 2003年版，第51页。

"故其为内容真理皆是属于美学，而表现人格上之美的原理或艺术境界者"。① 只有才性主体作为审美的对象，才性论才能成为人格美学。

才性的多姿多彩，是人的差异性或特殊性决定的，这种差异性或特殊性当然最终取决于生命所禀受之气的厚薄、清浊。所以，才性差异常常被认为是先天的，是作为生命之源的元气大化流行、自然衍生的结晶。姑且不问这种形而上学的论述有无合理依据，才性之所以能够成为可以品鉴或审美的对象，肯定不在于那个终极的本体，而是种种具体可感的形相，即显露主体才性、呈现生命力量的具体的姿态与气质。《人物志》的价值，恰在于扣住了才性差异，并在主体情性差异导致的千姿百态的形相中开掘出了生命美学的意义。

才性品鉴把个体人格的风姿气韵当作审美鉴赏对象，本质体现了一种艺术精神。在这种艺术精神的笼罩下，才性主体已被视为某种可以静观欣赏的艺术品，因之对其亦有雅俗的区分。诚如牟宗三讲："故顺《人物志》之品鉴才性，开出一美学境界，下转而为风流清谈之艺术境界的生活情调，遂使魏晋

---

① 牟宗三：《才性与玄理》，载《牟宗三先生全集》(2)，台北联经出版事业公司2003年版，第305—306页。

人一方多有高贵的飘逸之气，一方美学境界中的贵贱雅俗之价值观念亦成为评判人物之标准。"① 当然，就魏晋士人的才性审美而言，评鉴者主要是取其高贵、风雅、飘逸、脱俗的一面加以品鉴。故而魏晋时代的人物品鉴最终营造出一种唯美主义的时代精神氛围，使"魏晋风度"成为美学历史中关系才性美学的核心概念。某种程度上可以讲，正是才性品鉴开出了人格的美学领域与艺术境界。

品鉴才性，当然其内涵远不止于单纯艺术境界。在牟宗三看来，它不仅包含有艺术性的成分，还包含着智性领悟的部分。所以《人物志》系统的才性品鉴，既可以开出人格美学与艺术境界，也可以开出心智领域与智悟境界。他讲："《人物志》之品鉴才性即是美的品鉴与具体智悟之混融的表现。智悟融于美的品鉴而得其具体，品鉴融于智悟而得其明澈。其品鉴才性之目的，固在实用（知人与用人），然其本身固是品鉴与智悟之结晶。它既能开出美的境界与智的境界，而其本身复即能代表美趣与智悟之表现。"② 因此对于崇尚清谈玄言的名士

---

① 牟宗三：《才性与玄理》，载《牟宗三先生全集》(2)，台北联经出版事业公司2003 年版，第 57 页。

② 牟宗三：《才性与玄理》，载《牟宗三先生全集》(2)，台北联经出版事业公司2003 年版，第 73 页。

而言，他们的生活情调与精神气质，本质是艺术境界与智悟境界的精神表现。作为品鉴对象之名士的艺术境界，可以是才性生命呈现的神采风姿，也可以是先天后天蓄养的审美趣味。而其智悟境界则主要须借助清言玄谈，谈吐是聪明颖悟最佳的证据。智悟与风神因此是魏晋名士风度品鉴的双擎，二者相辅相成、相得益彰。如牟宗三所讲："智悟益助其风神，风神益显其智悟。""是故艺术境界与智悟境界乃成为魏晋人雅俗贵贱之价值标准。"①

　　牟宗三认为，美趣与智悟都能够解放人的情性。这是因为二者都是精神自由的表现，这种精神的自由带来的相对于世俗的超越感，使生命情性得到舒展。这种情性的舒展是自然生命的舒展，表现在哲学上，就是"重自然而轻名教（礼法）"，当然这构成了自然与名教、自然与道德的矛盾，也注定其开不出道德理性的超越领域；表现在文化上，就是开出艺术境界与智悟境界，"故一方于文学能有'纯文学论'与'纯美文之创造'，书画亦成一独立之艺术；一方又善名理、能持论，故能以老庄

---

① 牟宗三：《才性与玄理》，载《牟宗三先生全集》(2)，台北联经出版事业公司2003年版，第74页。

玄学迎接佛教，而佛教亦益滋长其玄思"①。

魏晋士人张扬情性，将自然生命发挥至极，故常有"荒诞不经"的言行，与名教礼法相冲突。如阮籍，《晋书》大量记载其"不拘礼教""不饰小节"的行径："籍嫂当归宁，籍相见与别"；"邻家少妇，有美色，当垆沽酒。籍尝诣饮，醉，便卧其侧"；"兵家女有才色，未嫁而死。籍不识其父兄，径往哭之，尽哀而还"②；凡此种种。若从道德的角度看，"男女授受不亲"，这些怪异行为当然是不合礼教的，故人们讥讽他，甚至视之为酒色之徒亦不奇怪。但从美学的角度看，这些怪癖行为恰恰是不拘小节，是具有真情性的浪漫文人的性格表现。所以《晋书》称其"外坦荡而内淳至"。牟宗三分析，"'坦荡'只是不避世俗之嫌疑，'淳至'只是浪漫文人之淳至。此中固有生命之真挚处，吾人不能一概以风化律之。酒色之情不必尽坏。此足以表露'生命'一领域之真挚与独特。如生命如其为生命，独立自足而观之，则生命有其独立之真处，亦有其独立之美善处。此大都为浪漫文人所表现之领

---

① 牟宗三：《才性与玄理》，载《牟宗三先生全集》(2)，台北联经出版事业公司2003年版，第74页。

② (唐)房玄龄等：《晋书》(第五册)，中华书局1974年版，第1361页。

域，即'生命'之领域。"① 这种精神，是将自然生命视为一种完全独立自足的领域，因此不受一切礼法教法的束缚。按照牟宗三的说法，这是一个"无挂搭之生命"，"四不着边"，"只想挂搭于原始之洪荒与苍茫之宇宙"，所以它不顾一切冲破各种世俗的藩篱，一直往上冲，冲向原始之洪荒与苍茫之宇宙。② 这种自然生命的浪漫才性，因此表现为一种超尘脱俗的"逸气"。

所谓"逸气"，就是心灵透脱而自在，一种不为一切社会规矩约束的情性气质："直接是原始生命照面，直接是单纯心灵呈露。"③ 尽管"逸气"并不能最终将自然生命与终极之本体（"原始之洪荒与苍茫之宇宙"）连接在一起，达到"天地与我并生，万物与我为一"之天人合一境界，但它却呈现了自然生命蓬勃的精神，赋予了情性审美的意义。才性品鉴，正是把这种自然生命的美学意义作为整体揭示出来，并由此打开了人性生命学问领域的崭新维度，使实践中的生命意义更加绚烂多

---

① 牟宗三:《才性与玄理》，载《牟宗三先生全集》(2)，台北联经出版事业公司 2003 年版，第 336 页。

② 牟宗三:《才性与玄理》，载《牟宗三先生全集》(2)，台北联经出版事业公司 2003 年版，第 337 页。

③ 牟宗三:《生命的学问》，广西师范大学出版社 2005 年版，第 10 页。

彩。这就是才性审美的积极意义。

三、才性品鉴与人格审美类型

魏晋人物品鉴的主要对象是名士，因为在他们身上才性表现最充分。然而才性品鉴却不止于名士，实际上天才世界的人物都是可以品鉴审美的。

何谓天才世界的人物？牟宗三在《历史哲学》中讲："天才者天地之风姿也。"[1]"天才之表现，原在其生命之充沛，元气之无碍。惟天才为能尽气。惟尽气者，为能受理想。此只是一颗天真之心，与生机之不滞也。"[2]牟宗三这里所谓"尽气"，是对所谓"尽才""尽情""尽气"的综括。

在牟宗三看来，中国文化生命主要由两种基本精神所笼罩："综合的尽理之精神"与"综和的尽气之精神"。"综合的尽理之精神"中的"尽理"，是对"尽心""尽性""尽伦""尽制"的综括。"尽心、尽性、尽伦、尽制这一串代表中国文化中的

---

[1] 牟宗三：《历史哲学》，载《牟宗三先生全集》(9)，台北联经出版事业公司2003年版，第187页。

[2] 牟宗三：《历史哲学》，载《牟宗三先生全集》(9)，台北联经出版事业公司2003年版，第174页。

理性世界，而尽才、尽情、尽气则代表天才世界。"① 对比"综合的尽理之精神"与"综和的尽气之精神"两种文化生命可知，前者属于道德理性的精神，后者属于艺术情感的精神。尽心、尽性、尽伦、尽制树立道德性的主体，成就圣贤人格，表现道德的自由；而尽才、尽情、尽气树立艺术性的主体，成就天才人格，表现美的自由。尽才、尽情、尽气——综和的尽气精神，是一种能超越一切物气之僵固，打破一切物质之对碍，一种一往挥洒，表现其生命之风姿，是英雄之精神与艺术性之精神。② 所以牟宗三说："诗人、情人、江湖义侠，以至于打天下的草莽英雄，都是天才世界中的人物。"③ 当然，天才世界与理性世界也不是完全隔离的。因此牟宗三又讲，才、情、气若是在尽性、尽伦中表现，则为古典的人格型，譬如忠臣孝子、节夫烈妇；才、情、气之表现若是较为超逸飘忽，不甚顾及藩篱者，则为浪漫的人格型，譬如风流隐逸、英雄豪迈、义侠节慨

---

① 牟宗三：《历史哲学》，载《牟宗三先生全集》(9)，台北联经出版事业公司2003年版，第215页。

② 唐君毅：《中国历史之哲学的省察》，载《牟宗三先生全集》(9)，台北联经出版事业公司2003年版，第446页。

③ 牟宗三：《历史哲学》，载《牟宗三先生全集》(9)，台北联经出版事业公司2003年版，第215页。

之士。① 总之，天才世界的人物，都是一种具有审美价值的人格表现。

名士、隐士、诗人、画家、情人、侠客、英雄乃至忠臣孝子、节夫烈妇，都可以成为天才世界里的人物。这些人物每个时代都存在，但这些人格类型对于不同时代的审美精神却有不同的贡献。譬如魏晋时期，名士是才性名理、魏晋风度的主要担纲者，而到了唐朝，能表现盛世气象、文化灿烂的就成了英雄和诗人。与名士风度一样，诗才、诗意、诗情与英雄气概都是不服从理性规范的自然生命的表现，都有生命自由挥洒的光辉。

鉴于才性品鉴的人格类型繁多，恕不能一一列举，这里仅就名士、诗人与英雄三种代表性人格审美略做分析。

所谓名士者，世所美名称誉之士也。士人立德、立功、立言，皆可得为名士。独作为人格美学范畴的魏晋名士（如"竹林七贤"），不以立德、立功、立言名于世。那么魏晋名士以何声名卓著于当时及后世呢？牟宗三的答案说到底其实只有两个字——"逸气"。"逸者离也。离成规通套而不为其所淹没则

---

① 牟宗三：《历史哲学》，载《牟宗三先生全集》（9），台北联经出版事业公司2003年版，第90页。

逸。逸则特显'风神'，故俊。逸则特显'神韵'，故清。故曰清逸，亦曰俊逸。逸则不固结于成规成矩，故有风。逸则洒脱活泼，故曰流。故总曰风流。"① 可见，逸气是一种无所作为、高蹈于风尘之外的精神气质，其不受物质机括，摆脱俗务，超然于习俗礼法，本质是一种非理性的风流精神。魏晋名士风流旷达，其才性气质，如风之飘，如水之流，自在适性，抚心高蹈，不着一字，尽得风流。所谓逸者，就其本质而言就是"解放性情"，得其精神的自由自在。这种自由精神虽然无所建立、无所依傍，但却显示了自然生命的创造性，营造了一种艺术性的人格审美境界。

魏晋名士人格是由自然生命所体现的"天地之逸气"支撑起来的，但此逸气却无所成而无用，所以不关立德、立功、立言之儒门不朽事业。牟宗三称这种人格为"天地之弃才"，乃是生命上之天定的，如曹雪芹在《红楼梦》中塑造的贾宝玉形象即是此种人格的典型。② 曹雪芹批宝玉的两阕《西江月》中所谓"无故寻愁觅恨，有时似傻如狂……愚拙不通庶务，冥顽

---

① 牟宗三：《才性与玄理》，载《牟宗三先生全集》(2)，台北联经出版事业公司2003年版，第78页。

② 牟宗三：《才性与玄理》，载《牟宗三先生全集》(2)，台北联经出版事业公司2003年版，第80页。

怕读文章；行为偏僻性乖张，哪管世人诽谤"，"富贵不知乐业，贫贱难耐凄凉；可怜辜负好韶光，于国于家无望……"（《红楼梦》卷三），正是此种人物之传神写照。此种逸气虽无成就，但仍有精神之表现，这种表现亦可算作唯一的成就，即成就艺术性的名士人格。

名士人格主要通过清言清谈以及依托清言清谈的玄思玄理来表现。当然也有因生活旷达、放任风流而成为名士者，但表现名士风度主要还得依托清言玄谈。正如牟宗三讲："故逸则神露智显。逸者之言为清言，其谈为清谈。逸则有智思而通玄微，故其智为玄智，思为玄思……是则清逸、俊逸、风流、自在、清言、清谈、玄思、玄智，皆名士一格之特征。"①

从社会伦理方面讲，名士人格因为是无用的，且其言谈行径常常与名教礼法相冲突，故而名士人格带有某种虚无主义的精神特征。但从美学的角度看，名士人格无疑是具有艺术性的人格典范，它的虚无的境界恰恰就是艺术的境界。所以名士人格，"从其清言清谈、玄思玄智方面说，是极可欣赏的。他有

---

① 牟宗三：《才性与玄理》，载《牟宗三先生全集》（2），台北联经出版事业公司2003年版，第79页。

此清新之气，亦有此聪明之智，此是假不来的"①。名士人格以清言玄思以及超乎世俗规矩的行为怪癖，呈现了其自然生命之本质意义，因而是可以品鉴可以审美的。

　　魏晋名士人格虽然集中体现了一种时代的人格精神气质，但名士人格绝非千篇一律，实际上几乎每个名士都有其独特的风姿气质。如《人物志》《世说新语》将众多名士形象汇聚一堂，就呈现了当时千姿百态的名士风神与风韵。牟宗三对魏晋名士有"文人型"与"哲人型"（"学人型"）的粗略区分。譬如同为"竹林七贤"的阮籍与嵇康，二者人格对比，即可见阮籍有种种"奇特之性情"（嗜酒能啸、善弹琴及种种放浪形骸），较为显情，属于浪漫文人名士的性格；嵇康则能多方持论，往复思辨，较为显智，属于玄思哲人名士的性格。所以牟宗三如此评价二人："阮籍浩然元气，嵇康精美恬淡"，"阮以气胜，嵇以理胜……气胜，则以文人生命冲向原始之苍茫，而只契接庄生之肤阔。寥廓洪荒，而不及其玄微。理胜，则持论多方，曲尽其致，故传称其'善谈理'也。"②

---

① 牟宗三：《才性与玄理》，载《牟宗三先生全集》（2），台北联经出版事业公司2003年版，第81页。

② 牟宗三：《才性与玄理》，载《牟宗三先生全集》（2），台北联经出版事业公司2003年版，第342页。

文人名士与哲人名士，当然不能穷尽名士的类型。种种名士之外，牟宗三还注意到一种非名士之名士，即立德者（圣贤——道德家、宗教家）、立功者（豪杰——军事家、政治家）、立言者（学者——学问家、思想家）中有名士气或逸气者。如诸葛亮乱世豪杰，本为政治、军事之实干家，但司马懿、郑板桥诸人都称其为"名士"。按理说，"戎服莅事"不得为名士，但诸葛亮以"独乘素舆，葛巾羽扇"之儒者姿态现身军中，其清光风神令人折服，故得名士之誉。凡名士皆有清逸之气，清则不浊，逸则不俗。诸葛亮虽在物质之机括中，为庶务所羁绊，但他"在物质机括中而露其风神，超脱其物质机括，俨若不系之舟，使人之目光唯为其风神所吸，而忘其在物质机括中，则为清"；"精神溢出通套，使人忘其在通套中，则为逸"①正因为他情性中自有一股清逸之气，"故在日理万机之中，尽得从容与风流"。②

诗歌历来被视为艺术的桂冠，而诗人历来也是天才世界中最被广泛接受的人格类型。诗人尤需要天赋才情，他的生命气

---

① 牟宗三：《才性与玄理》，载《牟宗三先生全集》（2），台北联经出版事业公司2003年版，第78页。

② 牟宗三：《才性与玄理》，载《牟宗三先生全集》（2），台北联经出版事业公司2003年版，第79页。

质完全取决于天才。如牟宗三所讲："表现为诗的是诗才、诗意、诗情，此是才情。""诗靠天才，也是生命。"① 诗人艺术天才的创造力，就是自然生命创造性的典型体现，"是自然生命洋溢之自然的创造"。② 在牟宗三看来，艺术天才的自然生命具有强烈的潜力，时机一到，如李白受到好酒的触发，潜在的生命力就会自然迸发，随手写成好诗，形成伟大的艺术作品。"生命旺盛的时候所谓'李白斗酒诗百篇'，漂亮的诗不自觉地就产生出来了，生命衰了则一词不赞，所谓江郎才尽。"③ 诗人的才情是自然生命最直接的艺术表现。诗仙的创造性也属于自然生命的创造性。④ 所以关于诗人人格的才性审美，本质也是对铸就此种艺术天才气质的自然生命力量及其创造性的意义审美。那种不受物质与规矩羁縻的原始生命之风姿与神采，才是诗人才性艺术内涵之内核所在。

"顺才性观人，其极为论英雄。"⑤ 才性品鉴，开不出超越

---

① 牟宗三：《中西哲学之会通十四讲》，上海古籍出版社 2007 年版，第 16 页。
② 牟宗三：《才性与玄理》，载《牟宗三先生全集》(2)，台北联经出版事业公司 2003 年版，第 432 页。
③ 牟宗三：《中西哲学之会通十四讲》，上海古籍出版社 2007 年版，第 16 页。
④ 牟宗三：《中国哲学的特质》，上海古籍出版社 2007 年版，第 58 页。
⑤ 牟宗三：《才性与玄理》，载《牟宗三先生全集》(2)，台北联经出版事业公司 2003 年版，第 68 页。

领域，建立不起成德之学，所以这条生命学问的路径无法从才质、天资之赏鉴彻底了解圣贤的人格内涵（德性人格）。才性观人，只能观天才，不能观圣人。天才与圣人，是两种完全不同的人格：艺术人格与道德人格。"天才者天地之风姿也。圣人者天地之理性也。当风姿用事，俨若披靡一世。而在理性宇宙前，则渺乎小矣。反观往时之光彩，尽成精魂之播弄。此天才之所以终不及圣贤也。"① 天才与圣贤之间，隔着一道道德理性的高墙。这是天才领域的才性品鉴根本无法逾越，从而企及理性领域的道德人格的。故而才性品鉴的有效极限在论英雄。

何谓英雄？"聪明秀出谓之英，胆力过人谓之雄。"（《人物志·英雄》）英雄，乃为有胆有识之人杰，其生命精神元气淋漓，挥斥八极，沛然莫之能御。这种生命气质依然根基于先天的自然生命。如牟宗三所讲："盖英雄并不立根基于超越理性，而只是立根基于其生命上之先天而定然的强烈的才质情性之充量发挥。"② 在历史英雄中，牟宗三尤推崇刘邦，视之为历史英雄的翘楚，以及"英雄"人格的典范。他在《历史哲学》如此

---

① 牟宗三：《历史哲学》，载《牟宗三先生全集》(9)，台北联经出版事业公司2003年版，第187页。

② 牟宗三：《才性与玄理》，载《牟宗三先生全集》(2)，台北联经出版事业公司2003年版，第68页。

赞誉刘邦:

> 刘邦之豁达大度自是属于英雄之气质的,所谓天才也。而此种气质胥由其仪态以及其现实生活之风姿而表现。……刘邦盖狮子象也。其气象足以盖世,其光彩足以照人。此亦天授,非可强而致。强而上腾,则费力而不自然,不可以慑服人,所谓矜持而亡也。天授者则其健旺之生命,植根深,故发越高,充其量,故沛然莫之能御。充实之谓美,充实而有光辉之谓大,所谓风姿也。天才之表现是风姿,乃混沌中之精英也,荒漠原野中之华彩也。驰骋飘忽,逐鹿中原,所过者化,无不披靡。故其机常活而不滞,其气常盛而不衰。[①]

英雄的生命是自然生命最酣畅淋漓的表现,气宇非凡,不可一世。然而英雄总是意味着对社会规则的破坏,是自然生命非理性力量的任性爆发。所以,英雄也可能是社会的祸害。不

---

① 牟宗三:《历史哲学》,载《牟宗三先生全集》(9),台北联经出版事业公司2003年版,第183页。

过从才性品鉴的角度照察不出这种非理性，它只能观照其天才之风姿、生命之光彩。"故只见英雄之可欣赏，而不知英雄之祸害。"① 不见英雄之病，只见英雄之美，这是才性品鉴的人格美学本质决定的。

四、结语

天才世界的才性品鉴，无论其品鉴对象如何清逸脱俗，他都属于自然生命的领域。因此才性只能体现自然生命的价值维度，无法企及理性世界的道德与宗教的价值。如牟宗三所讲："其最高之估价，不过太空中电光一闪之风姿，其本身只有可欣赏之美学价值。"② 所以，才性品鉴能够发掘出艺术性的才性主体，树立一种人格美学精神，开出艺术的境界乃至智悟的境界，但却开不出超越的德性领域与道德宗教之境界。

从牟宗三哲学的整个系统看来，生命当然不只是自然生命，自然生命之外，尚存在"一个异质的理性生命，由心灵

---

① 牟宗三：《才性与玄理》，载《牟宗三先生全集》(2)，台北联经出版事业公司2003年版，第69页。
② 牟宗三：《历史哲学》，载《牟宗三先生全集》(9)，台北联经出版事业公司2003年版，第187页。

表现的理性生命"。① 而且在他看来，理性生命才是真正永恒的，当生命的强度衰竭时，没有理性支撑自然生命将难以继续，"江郎才尽"时只能一泻千里。正因为看到自然生命这个缺点，为了不让生命干枯，沦为虚无主义，所以他认同理学家的观点，即以道德理性来提升、调节、润泽我们的生命。②

自然生命的才性与理性生命的德性，构成整体生命人格的形下与形上两个维度。仅有自然领域的主体自由，是无法挺立生命本体的。也就是说，才性品鉴对于美学精神与艺术性的才性主体之发见，"并不足以建立真正的普遍人性之尊严，亦不足以解放人为一皆有贵于己之良贵之精神上的平等存在"③。只有顺着孟子的道德心性讲义理之性、天地之性，建立形而上的道德主体性（德性主体或心性主体），才能弥补才性主体在理性世界的先天缺位。

在牟宗三道德形而上学的哲学框架下，人物品鉴可揭示生命情性之玄微，却不可通理性的生命世界。由才性主体获得的美的主体自由，并不是最终的自由，道德的主体自由才是最终

---

① 牟宗三:《中国哲学的特质》，上海古籍出版社 2007 年版，第 150 页。

② 牟宗三:《中西哲学之会通十四讲》，上海古籍出版社 2007 年版，第 17 页。

③ 牟宗三:《才性与玄理》，载《牟宗三先生全集》(2)，台北联经出版事业公司 2003 年版，第 57 页。

的自由。所以，生命不能停留在天才世界，它必须通过心性主体的确立往上翻，进入理性世界。惟有确立心性主体，才能将生命境界从气化或现象界提升到道德宗教形上本体界（理境），才能"使吾人自美感阶段超拔而进至道德的阶段"。① 牟宗三受黑格尔影响的美感阶段与道德阶段的划分，好像把才性主体与心性主体、自然生命与道德生命视为精神进化史中两个截然不同的段位。但实际上，二者是同一生命的阴阳两面。就算牟宗三哲学的精神最终归结为一种道德宗教的形而上学，它的生命表现依然是境界形态的："道德宗教之形上学最后必归于主观性之花烂映发，而为境界形态。"② 生命主体充实发展，其无论在艺术的领域还是道德的领域，都会呈现为自由的生命妙趣境界。这种境界表现在天才世界可以开出才性美学，表现在理性世界则可以开出德性美学。

① 牟宗三：《才性与玄理》，载《牟宗三先生全集》（2），台北联经出版事业公司2003年版，第433页。
② 牟宗三：《才性与玄理》，载《牟宗三先生全集》（2），台北联经出版事业公司2003年版，第307页。

参考文献

一、著作类

（汉）许慎撰，（清）段玉裁注，《说文解字注》，上海古籍出版社1982年版。

（汉）赵岐注：《孟子注疏》，载（清）阮元校刻：《十三经注疏》，中华书局1980年影印版。

（魏）王弼、（晋）韩唐伯注，（唐）孔颖达正义：《周易正义》，中国致公出版社2009年版。

（魏）刘劭著，王水校注：《人物志》，上海三联书店2007年版。

（南朝宋）刘义庆撰，（南朝梁）刘孝标注，龚斌校释：《世说新语校释》（三册），上海古籍出版社2011年版。

（梁）刘勰著，黄叔琳注，李详补注，杨明照校注拾遗：《增订文心雕龙校注》，中华书局2012年版。

（唐）欧阳询撰：《艺文类聚》，上海古籍出版社2007年版。

（唐）房玄龄等：《晋书》，中华书局1974年版。

（宋）周敦颐：《周子全书》，商务印书馆 1937 年版。

（宋）程颢、程颐著，王孝鱼点校：《二程集》，中华书局 2004 年版。

（宋）朱熹撰：《四书章句集注》，中华书局 1983 年版。

（清）焦循撰：《孟子正义》，中华书局 1987 年版。

（清）曹雪芹、高鹗：《红楼梦》，中华书局 2005 年版。

（清）王先谦撰：《荀子集解》（上下卷），中华书局 1988 年版。

（清）王先谦撰：《庄子集解》，中华书局 1987 年版。

王国维：《人间词话》，上海古籍出版社 2009 年版。

黄晖撰：《论衡校释》，中华书局 1990 年版。

程树德：《论语集释》，中华书局 1990 年版。

高亨：《诗经今注》，上海古籍出版社 2018 年版。

方东美：《原始儒家道家哲学》，台北黎明文化事业公司 1983 年版。

方东美：《中国人生哲学》，中华书局 2012 年版。

方东美：《中国哲学精神及其发展》，孙智燊译，中华书局 2012 年版。

方东美：《方东美演讲集》，中华书局 2013 年版。

方东美著，李溪编：《生生之美》，北京大学出版社 2009 年版。

方东美：《生生之德：哲学论文集》，中华书局 2013 年版。

方东美：《方东美集》，群言出版社 1993 年版。

宗白华：《艺境》，北京大学出版社 1987 年版。

牟宗三：《才性与玄理》，载《牟宗三先生全集》（2），台北联经出版事业公司 2003 年版。

牟宗三：《历史哲学》，载《牟宗三先生全集》（9），台北联经出版事业公司 2003 年版。

牟宗三：《客观的了解与中国文化之再造》，载《牟宗三先生全集》（27），台北联经出版事业公司 2003 年版。

牟宗三：《心体与性体》（上、中、下），上海古籍出版社 1999 年版。

牟宗三：《从陆象山到刘蕺山》，上海古籍出版社 2001 年版。

牟宗三:《智的直觉和中国哲学》,台湾商务印书馆 2000 年版。

牟宗三:《现象与物自身》,台湾学生书局 1990 年版。

牟宗三:《圆善论》,台湾学生书局 1985 年版。

牟宗三:《中国哲学十九讲》,上海古籍出版社 1997 年版。

牟宗三:《生命的学问》,广西师范大学出版社 2005 年版。

牟宗三:《中国哲学的特质》,上海古籍出版社 2007 年版。

牟宗三:《中西哲学之会通十四讲》,上海古籍出版社 2007 年版。

牟宗三:《以合目的性之原则为审美判断力之超越的原则之疑窦与商榷》《判断力批判》,载《牟宗三先生全集》(16),台北联经出版事业公司 2003 年版。

罗光:《罗光全书序》,载《罗光全书》(册一),台湾学生书局 1996 年版。

罗光:《生命哲学订定版》,载《罗光全书》(册二),台湾学生书局 1996 年版。

罗光:《生命哲学续编》,载《罗光全书》(册二),台湾学生书局 1996 年版。

罗光:《中国哲学大纲》,载《罗光全书》(册五),台湾学生书局 1996 年版。

罗光:《中国哲学思想史(民国篇)》,载《罗光全书》(册十四),台湾学生书局 1996 年版。

罗光:《中国哲学的展望》,载《罗光全书》(册十六),台湾学生书局 1996 年版。

罗光:《士林哲学:实践篇》,台湾学生书局 1981 年版。

罗光:《生命哲学再续编》,台湾学生书局 1994 年版。

罗光:《形上生命哲学》,台湾学生书局 2001 年版。

罗光:《生命哲学的美学》,台湾学生书局 1999 年版。

罗光:《儒家形上学》,台湾学生书局 1991 年版。

罗光:《儒家生命哲学》,台湾学生书局 1995 年版。

罗光:《儒家哲学的体系》,载《罗光全书》(册十七),台湾学生书局 1996 年版。

罗光:《儒家哲学的体系续篇》,台湾学生书局 1989 年版。

成中英:《美的深处:本体美学》,浙江大学出版社 2011 年版。

杨士毅编:《方东美先生纪念集》,台北正中书局 1982 年版。

国际方东美哲学研讨会执行委员会主编:《方东美先生的哲学》,台北幼狮文化事业公司 1989 年版。

蒋保国、余秉颐:《方东美哲学思想研究》,北京大学出版社 2012 年版。

唐圣:《圣人的自由——牟宗三美学思想的核心问题》,台湾学生书局 2013 年版。

耿开君:《中国文化的"外在超越"之路——论台湾新士林哲学》,当代中国出版社 1999 年版。

陈福滨主编:《存有与生命——罗光百岁诞辰纪念文集》,台湾辅仁大学出版社 2011 年版。

李泽厚:《由巫到礼 释礼归仁》,生活·读书·新知三联书店 2018 年版。

傅伟勋:《从西方哲学到禅佛教》,生活·读书·新知三联书店 1989 年版。

沈清松:《现代哲学论衡》,台北黎明文化事业公司 1994 年版。

沈清松、李杜、蔡仁厚:《冯友兰·方东美·唐君毅·牟宗三》,中华文化复兴运动总会、王寿南主编:《中国历代思想家》(二十五),台湾商务印书馆 1999 年版。

曾昭旭:《充实与虚灵——中国美学初论》,台北汉光文化事业有限公司 1993 年版。

龚鹏程编著:《美学在台湾的发展》,台湾南华管理学院 1998 年版。

陈望衡:《中国古典美学史》，武汉大学出版社 2007 年版。

陈望衡:《20 世纪中国美学本体论问题》，武汉大学出版社 2007 年版。

钱锺书:《槐聚诗存》，生活·读书·新知三联书店 2002 年版。

[意] 圣多玛斯·阿奎那:《神学大全》，周克勤等译，台南碧岳学社、高雄中华道明会 2008 年版。

[德] 康德:《判断力批判》，邓晓芒译，杨祖陶校，人民出版社 2002 年版。

[法] 亨利·伯格森:《创造进化论》，姜志辉译，商务印书馆 2012 年版。

[意] 克罗齐:《美学原理 / 美学纲要》，朱光潜等译，人民文学出版社 1983 年版。

[英] 怀特海:《过程与实在》，李步楼译，商务印书馆 2012 年版。

Aquinas, St. Thomas. *Summa Theologiae: Latin Text and English Translation, Introductions, Notes, Appendices, and Glossaries*. Blackfriars; New York: McGraw-Hill, 1964.

二、论文类

唐君毅:《中国历史之哲学的省察》，载《牟宗三先生全集》(9)，台北联经出版事业公司 2003 年版。

杨士毅:《一代哲人——方东美先生》，载朱传誉主编:《方东美传记资料》(第 1 辑)，台北天一出版社 1985 年版。

刘述先:《方东美先生哲学思想概述》，载景海峰编:《儒家思想与现代化——刘述先新儒学论著辑要》，中国广播电视出版社 1992 年版。

尤西林:《"分别说"之美与"合一说"之美——牟宗三的伦理生存美学》，《文艺研究》2007 年第 11 期。

尤西林:《智的直觉与审美境界——牟宗三心体论的拱心石》，《陕西师范大学学报》（哲学社会科学版）2008 年第 5 期。

张俊：《方东美生命美学平议》，《哲学与文化月刊》第 46 卷第 9 期（2019 年 9 月）。

张俊：《才性美学：牟宗三生命美学的形下维度》，《哲学动态》2019 年第 5 期。

张俊：《中西会通的生命哲学建构——方东美与罗光两模式》，《南京大学学报》（哲学人文社科版）2019 年第 3 期。

张俊：《分别智与圆融智——关于哲学精神的类型学反思》，《南京大学学报》（哲学人文社科版）2012 年第 1 期。

张俊：《生命美学的现代重构与汉语古典美学的复兴》，《学术研究》2018 年第 10 期。

李正治：《开出"生命美学"的领域》，《国文天地》第 9 卷第 9 期（1994 年 2 月）。

刘千美：《台湾新士林哲学的美学转向》，《哲学与文化》第 42 卷第 7 期（2015 年 7 月）。

后　记

多年前撰写博士论文，涉及中国生命美学的问题，觉得十分重要，但因当时未能充分展开，便留下一条伏笔，许诺日后以一部专论补偿。转瞬数年过去，当年的空口许诺从案头的文债渐变为心病。人生若白驹过隙，似此迁延岁月，终究于心难安。于是三年前开始着手研读中国的生命哲学及生命美学，准备偿此文债。然而中间数度外出游学，竟将写作屡次中断。去年夏天从纽黑文回来以后重新继起这个研究，不料又因受命选编《通识教育文献选辑》，再令写作中断近半年之久。如此波折，三断三续，耗时三年才最终完成这部小书，如释重负之余，难免有些抑郁。

古典美学的复兴是我长期关注的核心论域，这些年写了两本书，发表了若干文章，然而这毕竟只是我理论关切的一个面向。我有心以生生哲学为基础系统地阐述生命美学思想，奈何还有其他研究任务。个人时间精力有限，分身乏术，所以这里只能暂借对方东美、罗光以及牟宗三的生命美学体系的粗疏研究，阐明重构汉语古典生命美学之于中国美学话语体系创新的意义。至于理想中那部返本开新的生命美学，则有待他日，不过真心希望有人能在我前面写出来。这笔文债是我们整个汉语美学界欠先辈的，也是欠后辈的，因此总得有人来还，而且早总是比迟还好。

这部小书虽然不值方家一哂，但也已基本表达出我这些年来对于中国生命美学复兴事业的若干粗浅思考与理解：一、生命美学理应成为中国古典美学的体系中枢，重构生命美学是复兴汉语古典美学不可或缺的环节；二、立足生生哲学的本土传统建构汉语生命美学体系，可以成就美学的中国话语与中国学派；三、汉语生命美学的现代建构与中国美学的现代化同步，其肇始于中国现代美学发轫之初，且长期是中国美学的主流学说，厘清其现代建构历程，还原学术史本来面貌，以绝"黄钟毁弃，瓦釜齐鸣"之虞；四、方东美的"新儒家生命美学"、罗光的"新士林生命美学"以及牟宗三的"德性美学"与"才性美学"，是百年来汉语学界生命美学体系建构真正具有典范性的学说，有识之士复兴汉语生命美学应以之为镜鉴，主动接续其哲学传统，以期使生命美学"立足中华，融合中西""返本开新，继往开来"。

张　俊

丁酉夏至日识于嚣嚣斋